新型农民科技人才培训教材

无公害蔬菜栽培与
病虫害防治新技术

宋建华　石东风　编著

中国农业科学技术出版社

图书在版编目（CIP）数据

无公害蔬菜栽培与病虫害防治新技术/宋建华，石东风编著.—北京：中国农业科学技术出版社，2011.3

ISBN 978－7－5116－0408－8

Ⅰ.①无… Ⅱ.宋… Ⅲ.①蔬菜园艺－无污染技术－技术培训－教材②蔬菜－病虫害防治方法－技术培训－教材 Ⅳ.①S63②S436.3

中国版本图书馆 CIP 数据核字（2011）第 029617 号

责任编辑	张孝安　杜新杰
责任校对	贾晓红

出 版 者	中国农业科学技术出版社
	北京市中关村南大街 12 号　邮编：100081
电　　话	(010) 82109708（编辑室）(010) 82109704（发行部）
	(010) 82109703（读者服务部）
传　　真	(010) 82109708
网　　址	http：//www．castp．cn
经 销 者	新华书店北京发行所
印 刷 者	北京昌联印刷有限公司
开　　本	850 mm×1 168 mm　1/32
印　　张	5
字　　数	90 千字
版　　次	2011 年 3 月第 1 版　2013年9月第11次印刷
定　　价	15.00 元

前　言

蔬菜是人们生活中必不可少的重要副食品，其质量的好坏直接关系到人们的身体健康和生命安全，也关系到栽培者和经营者的经济效益。随着社会经济的快速发展和人民生活水平的迅速提高，对蔬菜品质的要求已成为全社会普遍关注的热点。

蔬菜在满足自给需求以外进入商品交换中，粗级低质蔬菜产品缺乏市场竞争力，产品销售不畅，低价位运行，适应不了人们日益增长的物质生活需要，而适销对路的安全、无污染的无公害蔬菜产品，越来越受到人们的追求和赢得市场青睐。特别是面对世界经济一体化的发展，各国之间的贸易往来越来越频繁，组织发展无公害蔬菜栽培，对蔬菜产品安全性质量进行全程质量控制，提高蔬菜产品的市场竞争力和占有率，开拓国际国内市场成为各国贸易关注的焦点。

我国无公害蔬菜的研究和栽培始于 1982 年，该年召开全国生物防治会议，江苏省率先提出用生物防治代替化学农药防治。1983 年，在全国植保总站的大力支持下，全国 23 个省、市、区开展了无公害蔬菜的研究、示范与推广工作。通过几年的研究实践，探索出一套综合防治病虫害、减少农药污染的无公害蔬菜栽培技术。栽培出来的无公害蔬菜既具有安全、优质和营养的特点，又具有很好的经济效益和社会效益。栽培无公害蔬菜已成为蔬菜栽培的必然趋势和发展方向。同时也是适应蔬菜产品贸易，提高农业栽培的经济效益，增加农民收入的需要，是农业可持续发展及人类生存环境的重要组成部分。为促使蔬菜无公害栽培规范化、标准化，促进无公害蔬菜栽培的快速有序发展，笔者在多年从事蔬菜理论研究和栽培工作的基础上，并参考国内有关资料，编写了《无公害蔬菜栽培与病虫害防治新技术》一书，希望能在推进无公害蔬菜栽培中发挥作用。

该书内容充实、知识丰富、技术新颖，具有鲜明的特色和很强的创新性。内容共分四项目，项目一和项目二重点阐述无公害蔬菜栽培的要求和基础知识，项目三重点介绍常见蔬菜的无公害栽培技术，项目四重点介绍常见蔬菜病虫害无公害防治技术。

由于编者的知识和实践经验水平所限，书中难免出现错漏或不妥之处，敬请读者批评指正。

作　者

2010 年 12 月

目　　录

项目一　无公害蔬菜栽培概况

21世纪将是一个绿色产品的世纪,随着经济社会的发展和人民生活水平的不断提高及国际环保技术的快速发展,人们对蔬菜产品的质量提出了更高的要求。安全、无污染的优质蔬菜产品必将成为市场和消费者的第一需要,安全性成为蔬菜产品质量标准的重要指标要求,提高蔬菜产品质量成为广大消费者的迫切愿望和要求。只有在清洁的农业生态环境中用洁净的栽培技术和方式,栽培出无公害的蔬菜产品,才具有商品市场和国际竞争力,才能更好地满足消费者需求。

一、无公害蔬菜栽培的概念

(一)无公害蔬菜的概念与标准

1. 无公害蔬菜的概念

无公害蔬菜是指蔬菜的产地环境、栽培过程和产品质量符合国家有关标准和规范的要求,经认证合格获得认证证书并允许使用无公害产品标志的未经加工或者初加工的蔬菜产品。

无公害蔬菜允许限量、限品种、限时间使用化肥、农药,但在产品上市时,不得检测出超标的化肥、农药残留物。

无公害蔬菜栽培是指采用无公害栽培技术及其加工方法,按照无公害蔬菜(品种或种类)栽培技术规范,在清洁无污染的良好生态环境中进行栽培、加工,安全性符合国家无公害农产品标准的优质蔬菜产品及其加工制品的过程。

2. 无公害蔬菜的标准

(1)农药残留量不超标。无公害蔬菜不含有禁用的高毒农药,其他农药残留量不超过允许标准。

(2)硝酸盐含量不超标。食用蔬菜中硝酸盐含量不超过标准允许量,一般控制在432毫克/千克以下。

(3)"三废"等有害物质不超标。无公害蔬菜必须避免环境污染造成的危害,商品菜的"三废"和病原微生物的有害物质含量不超过标准允许量。

(二)绿色蔬菜

1. 绿色蔬菜的概念

绿色蔬菜是指遵循可持续发展的原则,在产地生态环境良好的前提下,按照特定的质量标准体系栽培,并经专门机构认定,允许使用绿色食品标志的无污染的安全、优质、营养类蔬菜的总称。

绿色蔬菜由我国农业部于1990年正式推出,1992年成立了组织、引导、支持和协调全国绿色食品工程实施的管理机构——中国绿色食品发展中心。1995年底全国使用的绿色食品标志产品达到568个。1999年,长春幸福农工商总公司栽培的黄瓜、茄子、番茄、芸豆、萝卜、白菜、青椒、甘蓝、菠菜、马铃薯、大葱等11种蔬菜同时获得了绿色食品标志。

2. 绿色蔬菜必须具备的条件

(1)产品和产品原料产地必须符合绿色食品产地生态环境质量标准,即生长区域内没有工业企业的直接污染,上风口和水域上游没有污染源,对该区域造成污染威胁;

(2)种植环节与加工技术必须符合绿色食品栽培操作规程,如《栽培绿色食品的农药使用准则》《栽培绿色食品的肥料使用准则》;

(3)产品必须符合绿色食品产品标准;

(4)产品的包装、贮运必须符合绿色食品包装、贮运标准。

(三)有机蔬菜

1. 有机蔬菜的概念

有机蔬菜是指根据有机农业和有机食品栽培、加工标准或栽培加工技术规范而栽培加工出来的经有机食品颁证组织颁发给证书供人们食用的蔬菜产品。

有机蔬菜在国外发展历史较长,其栽培方式、操作规程都有一套系统的标准。我国在1994年正式成立了国家环保局有机食品发展中心,从事有机食品的研发、开发和颁证工作。

2. 有机蔬菜必须具备的条件

(1)有机蔬菜的栽培原料必须来自有机农业的产品和野生没

有污染的天然产品；

(2)有机蔬菜必须是经过有机食品的栽培和加工标准而栽培和加工出来的；

(3)栽培和加工出来的产品必须是经过有机食品颁证组织进行质量检查,符合有机食品栽培、加工标准颁发给证书的产品。

(四)无公害蔬菜与绿色蔬菜、有机蔬菜的联系

1. 无公害蔬菜与绿色蔬菜、有机蔬菜的联系

绿色蔬菜、无公害蔬菜和有机蔬菜都属于蔬菜产品质量安全范畴,都是蔬菜产品质量安全认证体系的组成部分。无公害蔬菜保证人们对蔬菜质量安全最基本的需要,是最基本的市场准入条件;绿色蔬菜达到了发达国家的先进标准,满足了人们对蔬菜质量安全更高的需求;发展绿色蔬菜是蔬菜产品质量安全工作的重要组成部分,起着积极的示范带动作用。有机蔬菜是国际通行的概念,是蔬菜安全更高的一个层次。绿色蔬菜、无公害蔬菜和有机蔬菜的工作是协调统一、各有侧重和相互衔接的。无公害蔬菜是绿色蔬菜和有机蔬菜发展的基础,而绿色蔬菜和有机蔬菜是在无公害蔬菜基础上的进一步提高。

当代蔬菜栽培需要由普通蔬菜产品发展到无公害蔬菜产品,再发展至绿色蔬菜或有机蔬菜,绿色蔬菜跨接在无公害蔬菜和有机蔬菜之间,无公害蔬菜是绿色蔬菜发展的初级阶段,有机蔬菜是质量更高的绿色蔬菜。

有机蔬菜在栽培加工过程中绝对禁止使用农药、化肥、激素等人工合成物质,并且不允许使用基因工程技术;其他蔬菜产品则允许有限使用这些物质,并且不禁止使用基因工程技术。如绿色蔬菜对基因工程技术和辐射技术的使用就未作规定。

2. 无公害蔬菜与绿色蔬菜、有机蔬菜的区别

(1)质量标准水平不同。无公害蔬菜产品质量标准等同于国内普通蔬菜产品卫生质量标准,部分指标略高于国内普通蔬菜产品卫生标准;绿色蔬菜分为 AA 级和 A 级,其质量标准参照联合国粮农组织和世界卫生组织食品法典委员会(CAC)标准、欧盟质量

安全标准,高于国内同类标准水平;有机蔬菜等效采用欧盟和国际有机运动联盟(IFOAM)的有机农业和产品加工基本标准,其质量标准与 AA 级绿色蔬菜标准基本相同。

(2)认证体系不同。这三类产品都必须经过专门机构认定,许可使用特定的标志,但是认证体系有所不同。无公害蔬菜认证体系由农业部牵头组建,目前部分省、市政府部门已制定了地方认证管理办法,各省、市有不同的标志;绿色蔬菜由中国绿色食品发展中心负责认证。中国绿色食品发展中心在各省、市、自治区及部分计划单列市设立了 40 个委托管理机构,负责本辖区的有关管理工作,有统一商标的标志在中国内地、香港和日本注册使用;有机蔬菜在国际上一般由政府管理部门审核、批准的民间或私人认证机构认证,全球范围内无统一标志,各国标志呈现出多样化,我国有代理国外认证机构进行有机认证的组织。

(3)栽培方式不同。无公害蔬菜产品栽培必须在良好的生态环境条件下,遵守无公害蔬菜产品技术规程,可以科学、合理地使用化学合成物;绿色蔬菜栽培是将传统农业技术与现代常规农业技术相结合,从选择、改善农业生态环境入手,限制或禁止使用化学合成物及其他有毒有害栽培资料,并实施"从土壤到餐桌"全程质量控制;有机蔬菜栽培须采用有机栽培方式,即在认证机构监督下,完全按有机栽培方式栽培 1~3 年(转化期),被确认为有机农场后,可在其产品上使用有机标志和"有机"字样上市。

二、无公害蔬菜栽培的历史

(一)国外无公害蔬菜栽培概况

早在 20 世纪 20 年代,为了克服保护地土壤因连作而带来的病害和盐渍危害,国外就以无土栽培技术栽培无公害蔬菜。据不完全统计,世界上单用营养液膜法栽培无公害蔬菜的国家就达 76 个。在新西兰,半数以上的番茄、黄瓜等果菜类蔬菜是无土栽培的。日本、荷兰、美国等发达国家,采用现代化的水培温室,常年栽培无公害蔬菜。美国、前苏联等在利用生物农药防治蔬菜病虫害、综合控制二氧化氮污染、采用微生物降解蔬菜土壤中的有机污染物等方面，也做了大量的工作。1929 年美国加利福尼亚大学格里克教授种出植株高达 7.5 米的番茄，采收果实 14 千克。70 年代，西方各国倡导生态农业、有机农业等农业模式。栽培洁净的食品（即无污染食品）。美国率先倡导了"有机农业"，反对在农场施用化肥及农药，强调生态环境保护第一，用绿肥秸秆替代化肥，用天敌、轮作替代化学防治；用少耕、免耕法替代翻耕。英国、荷兰、丹麦、日本等国开始将计算机应用于保护地蔬菜栽培，自动综合调控环境条件。1972 年 11 月 5 日英国、瑞典、南非、美国和法国等 5 个国家在法国发起成立了"国际有机农业运动联盟"（IFOAM）。1983 年底成立了以挪威首相布伦特兰为首的世界环境与发展委员会（WCED），并于 1987 年发表《我们共同的未来》，提出了可持续发展的概念。

　　20 世纪 90 年代以来，国外无公害蔬菜向有机蔬菜方向发展，倡导以天然环境栽培的蔬菜品质为最优。1990 年欧盟规定，每一农产品都要标出是否为生态农产品，还规定了从欧盟外进口到成员国农产品标准。1991 年，联合国粮农组织提出了"可持续农业"的概念。澳大利亚于 90 年代中期提出了可持续发展的国家农林渔业战略，并推出了"洁净食品计划"。法国于 1997 年制订并实施了"有机农业发展中期计划"。加拿大于 2003 年提出"绿色覆盖计划"，鼓励种植多年生作物，增施有机肥，改良土壤特性，并在技术和资金方面给予支持。泰国在无公害栽培中，强调以生物防治为主的病虫害综合防治体系，主要通过繁育天敌防止蔬菜、水果的多种鳞翅目害虫；利用香蕉枝叶、果皮和其他果树的残枝败叶发酵后按比例添加 N、P、K 等元素和加工成生物菌肥。在国外市场上普及的一般都是比国内无公害蔬菜品质更优的源于自然、营养、安全、质优的环保型绿色食品和有机食品。据报道，日本有 92％的消费者对有机蔬菜感兴趣，日本人对蔬菜的要求包括安全、价格、外观。

（二）我国无公害蔬菜的发展历史

　　西汉时期，《氾胜之书》就有"生菜"压青改土的记载。宋代著名《农书·粪田之宜》篇中提出了杰出的"地力常新"论,强调施肥可使土壤更加精熟肥美,地力常新。据不完全统计,宋元时期已用到的有机肥总计达60余种。"用粪得理"、因土和因物施肥、多次使用追肥、重视积肥和保肥等施肥理念,开创了我国古代无公害农业的先河。近代化学肥料的引进和使用,给传统农业注入了新的营养,同时也带来巨大的冲击。随后,中国农业逐步走上"有机肥与化肥相结合,养地与用地相结合"的道路。但重化肥轻有机肥的倾向仍然严重,由施肥引发的资源、环境、食品安全、可持续发展诸多问题已凸现出来,我国酝酿着一场"无公害农业"的革命。我国无公害蔬菜的研究和栽培始于1982年,该年召开全国生物防治会议,江苏省率先提出用生物防治代替化学农药防治。1983年,在全国植保总站的大力支持下,全国23个省、市开展了无公害蔬菜的研究、示范与推广工作。通过几年的研究实践,探索出一套综合防治病虫害、减少农药污染的无公害蔬菜栽培技术。1985年全国推广无公害蔬菜栽培面积60万亩。

20世纪60年代中期,我国曾组织了无公害蔬菜的实施,其重点是减少蔬菜中的农药污染。当时栽培的蔬菜被称为无污染蔬菜、无公害蔬菜等。污染的指标大多以重金属、农药为主,部分还增加了氟、硝酸盐和生物性污染。但由于栽培的无污染蔬菜没有统一机构认证,产品没有统一的权威机构检测,没有规定的标识等,因此产品质量也难免良莠不齐。20世纪80年代以来,伴随着人口的快速增长和经济的迅猛发展,我国农业污染问题日趋严重。菜园土壤"三废"污染,化肥、农药、农膜及城镇垃圾、人畜粪尿等的不合理施用等,使得无公害蔬菜又重新引起人们注意。我国无公害蔬菜的研究和栽培始于1982年,1983年以来,全国23个省(市)开展了无公害蔬菜的研究、示范与推广工作,探索出一套综合防治病虫害及配方施肥,减少农药污染、实行测土施肥的无公害蔬菜栽培技术。如北京市开展的西瓜配方施肥,有效防止西瓜生理性或传染性病害。1988年,国家启动"菜篮子工程"。1990年农业部召开"绿色食品"工作会议并成立绿色食品开发办公室。刘连馥率先提出"绿色食品"概念。1993年中国绿色食品发展中心加入"国际有机农业运动联盟"。目前已同世界 90 多个国家和地区,500 多个相关组织建立了联系,提高了中国绿色食品在国际上的知名度。

我国无公害蔬菜栽培从无到有,经历了试验探索阶段(1983～1993 年)、示范研究阶段(1994～1998 年)、规范发展阶段(1999 年至今)。各地先后制定法规加大了发展无公害蔬菜的力度。进入 21 世纪,党中央反复强调,大力发展无公害农产品、绿色食品和有机食品,建立健全认证、标识和公示制度,尽快使优质安全的农产品形成品牌。2001 年农业部启动了"无公害食品行动计划",先后出台了有关加强农产品质量安全的重要文件及法律法规,并提出了无公害蔬菜的概念。2002 年出台的《中华人民共和国清洁栽培促进法》进一步强调:应当科学地使用化肥、农药、农用薄膜和饲料添加剂,改进种植和养殖技术,实现农产品的优质、无害和农业废弃物的资源化、防止农业环境污染。并于同年启动了"十五"国家科技攻关重大课题——无公害蔬菜关键技术,主要针对目前我国蔬菜栽培中存在的农药、氮肥、重金属污染等问题,研究病虫害防治、平衡配方施肥、优质丰产栽培、农业废弃物综合利用、环境质量检测和产品质量控制等全方位生态技术。2003 年农业部种植业管理司发出了《关于加强无公害农产品栽培示范基地县管理的通知》,指出各地既要重视创建活动,更要加强基地管理;既要重视"无公害"的牌子,更要重视产品质量安全。

三、无公害蔬菜栽培的意义与发展前景

(一)无公害蔬菜栽培的意义

1. 满足人民群众日益增长的物质消费需求

随着人民生活水平的不断提高及保健意识的增强,对蔬菜食品的安全、营养、无污染的要求越来越高,这是社会进步、人类文明的必然趋势。根据我国当前广大群众的消费水平,在今后一段时间内消费主流将以无公害农产品为主,人们对蔬菜供应需求的标准也在不断提升,对所消费的蔬菜提出绿色无公害的要求越来越迫切。

2. 提高广大菜农增产增收的主要途径

从近年来蔬菜发展的总体情况看，蔬菜产品的供求矛盾已经从单一追求数量转变为质量的提高。新一轮蔬菜结构调整的重点，关键是提高质量，增加效益。西方发达国家对食品污染控制指标日益严格，并提出了级别更高的生态蔬菜、有机蔬菜，更加注重栽培地的生态环境的洁净，严格限制栽培过程中化学制品的使用，加工过程符合食品安全操作，无公害农产品将成为 21 世纪的主导产品。未来的市场也将是"无污染"、"无公害"农产品的市场。因此发展无公害蔬菜不仅具有良好的社会效益，而且能增强我国蔬菜进入国际市场的竞争力，提高农产品的经济效益。发展无公害蔬菜的栽培，将是进一步提高广大菜农收入的主要途径。

3. 改善农业栽培环境，实现农业可持续发展的主要栽培方式

近几年，世界上很多发达国家的环境公害事件已经说明现代农业、工业对生态环境及食品安全所产生的负面影响，已经是不争的事实，并受到人们的普遍关注。发展无公害蔬菜的基本原理就是从农业生态系统的观点出发，在病虫草害的防治上采取"预防为主，综合防治"的方针，创造一个有利于蔬菜生长发育和有益生物的生存繁殖，而不利于病虫发生危害的环境条件，因地制宜采用农业防治、生物防治、物理防治、人工防治相结合，以较少的投入为人类提供数量多、质量好、安全、营养的无公害食品，同时又能保护资源，提高环境质量，实现农业可持续发展的生态环境的良性循环。

4. 大力发展无公害蔬菜，是加快扩大对外开放、实现蔬菜出口创汇的最佳选择

随着国际市场对蔬菜产品要求越来越高，"绿色壁垒"已成为国际贸易保护主义的重要手段，污染严重、质量差的蔬菜产品在国际市场上开始受到越来越多的限制，蔬菜产品的竞争将日趋激烈。面对新的情况，我们只有从根本上改变栽培方式，在努力采取措施把有地域特色的蔬菜产品尽快培育成无污染、无公害的同时，努力提高产品的质量和档次，才能有利于增强我市蔬菜在国际市场上的竞争力，增加出口创汇，从而为我国蔬菜进入国际市场开辟一条广阔的"绿色通道"。

(二)无公害蔬菜栽培发展的前景

1. 无公害蔬菜市场需求量大,无公害栽培规模逐步扩大

据有关部门统计,印着 AA 标志的绿色蔬菜在上海每月能卖出 150 吨。上海市在松江、奉贤、崇明、青浦、南汇等地建立了6 000亩绿色蔬菜基地,在市内超市设立绿色蔬菜专卖柜,尽管价格是一般蔬菜的 2～4 倍,但绿色蔬菜还是吸引了众多中高收入的消费者。

在南京,绿色蔬菜更是发展到了"品牌阶段"。据江苏省南通市蔬菜办公室提供的资料显示,目前仅南通市申报获得国家认证的绿色食品产品有 5 个品牌 10 个品种,获得省级认证的有 9 个品牌 14 个品种。在这些无公害、绿色食品产品中,蔬菜占据了十分重要的地位。

据悉,南京一些农贸市场开出了品牌蔬菜专卖区,专卖区的品牌菜虽然价格比同类普通蔬菜贵 30%～50%,但消费者仍热情不减,不少品种常常脱销断档。

2. 无公害蔬菜发展逐步规范,受到各级领导和人民群众的重视

市场监管部门制定无公害蔬菜监测工作实施方案;各级政府管理部门狠抓了无公害蔬菜监测网络体系的建设,把好了"市场关";建立了"三级"无公害蔬菜监测网络体系,有效防止农药残留超标蔬菜在市场上的流通;国家也正在进一步制定出台有关标准和管理规定,进一步规范无公害蔬菜监测工作。1990 年农业部发起绿色食品运动,1993 年农业部发布了"绿色食品标志管理办法",20 世纪 80 年代后期,部分省市开始试点实施无公害食品栽培,2001 年农业部提出"无公害食品行动计划"。2003 年,农业部启动无公害食品认证工作。农业部、国家认监委分别制定"无公害农产品管理办法"、"无公害农产品标志管理办法"、"无公害农产品认证与产地认证程序"等有关文件及法规,国家质检总局相继发布了 4 类农产品的 8 个强制性标准;农业部 2001 年制定发布了 73 项无公害农产品标志,2002 年又制定了 126 项,修订了 11 项无公害农产品标准(NY500 等条例)。

项目二　无公害蔬菜栽培技术要点

推广无公害农产品栽培技术,发展无公害农产品栽培,是提高农产品质量,增强农产品市场竞争力的有效技术手段;是保障人民群众身体健康和生命安全的有效技术措施;是促进农业可持续发展的技术保障。无公害蔬菜栽培从栽培地的选择、土壤要求、耕作制度、品种选择、施肥技术、用药技术、采收等各个栽培环节提出了具体要求。本章将详细地介绍蔬菜的无公害栽培技术。

一、无公害蔬菜栽培的技术要求

(一)无公害蔬菜栽培基地的选择

1. 无公害蔬菜栽培基地的选择原则

无公害蔬菜基地应选建在生态环境良好,基本没有环境污染、交通方便、地势平坦、土壤肥沃、排灌条件良好的蔬菜主产区、高产区或独特的生态区,并具有可持续栽培能力的农业栽培区域。具体来说,就是产地最好集中连片,具备一定的栽培规模,产地区域范围明确,产品相对稳定;产地区域范围内、灌溉水上游、产地上风向,均没有对产地构成威胁的污染源;远离污染源,一般要求远离污染源3千米以上。另外,应尽量避免公路主干线,并距离主干道40米以上。

2. 无公害蔬菜栽培基地的环境指标要求

在无公害种植业环境要求中,对产地环境条件的审查准则主要依据农业部发布实施的无公害农产品标准进行评价(NY5010－2002　无公害产品　蔬菜产地环境条件)。

(1)无公害蔬菜产地环境空气质量指标及浓度极限值控制要求(表2-1,表2-2)。

表 2-1　无公害蔬菜产地环境空气质量指标

项　目	日平均	1 小时平均
总悬浮颗粒物(标准状况)(毫克/立方米)	≤0.30	
二氧化硫(标准状况)(毫克/立方米)	≤0.15	≤0.50
氮氧化物(标准状况)(毫克/立方米)	≤0.10	≤0.15
氟氧化物{[微克/(dm³·d)]}	≤5.0	
铅(标准状况)/(微克/立方米)	≤1.5	

注:1. 日平均指任何一日的平均浓度。2.1 小时平均指任何 1 小时的平均浓度。

表 2-2　无公害蔬菜产地环境空气浓度限值

项　目	日平均	1 小时平均
总悬浮颗粒物(标准状况)/(毫克/立方米)	≤0.30	≤0.50
二氧化硫(标准状况)/(毫克/立方米)	≤0.15	≤0.24
二氧化氮(标准状况)/(毫克/立方米)	≤0.12	≤20
氟化物(标准状况)/(微克/立方米)	≤7	

注:1. 日平均指任何一日的平均浓度。2.1 小时平均指任何 1 小时的平均浓度。

　　(2)无公害蔬菜产地环境灌溉水质量指标及浓度极限值控制要求(表 2-3,表 2-4)。

表 2-3　无公害蔬菜产地环境灌溉水质量指标

项目	指标	项目	指标
氯化物/(毫克/升)	≤250	铅/(毫克/升)	≤0.1
氰化物/(毫克/升)	≤6.5	镉/(毫克/升)	≤0.005
氟化物/(毫克/升)	≤5.0	铬/(毫克/升)	≤0.1
总汞/(毫克/升)	≤0.001	石油类(毫克/升)	≤1.0
砷/(毫克/升)	≤0.05	pH 值	5.5~8.5

表 2-4　无公害蔬菜产地环境灌溉水浓度限值

项目	浓度限值	项目	浓度限值
pH 值	5.5~8.5	铬(六价)/(毫克/升)	≤0.10
化学需氧量/(毫克/升)	≤150	氯化物/(毫克/升)	≤2.0
总汞/(毫克/升)	≤0.001	氰化物/(毫克/升)	≤0.50
总镉/(毫克/升)	≤0.005	石油类/(毫克/升)	≤1.0
总砷/(毫克/升)	≤0.05	粪大肠菌群/(个/升)	≤10 000
总铅/(毫克/升)	≤0.10		

（3）无公害蔬菜产地土壤环境质量指标及浓度极限值控制要求（表2-5，表2-6）。

表2-5　无公害蔬菜产地土壤环境质量指标

项目	指标		
	pH＜6.5	pH6.5～7.5	pH＞7.5
总汞/(毫克/千克)	≤0.3	≤0.3	≤1.0
总砷/(毫克/千克)	≤40	≤30	≤25
铅/(毫克/千克)	≤100	≤150	
镉/(毫克/千克)	≤0.3	≤0.3	≤0.6
铬(六价)/(毫克/升)	≤150	≤200	≤250
六六六/(毫克/千克)	≤0.5	≤0.5	≤0.5
DDT(毫克/千克)	≤0.5	≤0.5	≤0.5

表2-6　无公害蔬菜产地环境灌溉水浓度限值

项目	含量限值		
	pH＜6.5	pH6.5～7.5	pH＞7.5
镉/(毫克/千克)	≤0.30	≤0.30	≤0.60
汞/(毫克/千克)	≤0.30	≤0.30	≤1.0
砷/(毫克/千克)	≤40	≤30	≤25
铅/(毫克/千克)	≤250	≤300	≤350
铬/(毫克/千克)	≤150	≤200	≤250
铜/(毫克/千克)	≤50	≤100	≤100

3. 无公害蔬菜栽培的土壤要求

①根菜类、豆类、薯蓣类和瓜类中的西瓜、甜瓜适合疏松、深厚的沙壤土或沙土。

②白菜类、甘蓝类、芥菜类、绿叶菜类、瓜类、茄果类、葱蒜类适合壤土或黏质壤土。

③水生菜类和豆瓣菜、水蕹菜、水芋适合黏质壤土或黏土。

（二）无公害蔬菜栽培的技术要点

1. 调整耕作制度，实施轮作，合理安排茬口

提倡发展水旱轮作和合理的间套作，提高土壤利用率，充分利用光能,增加单位面积产量,有效地克服连作造成的病虫害和杂草。常年菜地采用不同科的蔬菜之间和茬口之间轮作。季节性菜地采用水旱或其他经济作物轮作。对于有毁灭性病害的蔬菜,如大白菜、冬瓜、黄瓜、番茄、菜椒等轮作时间不少于2年。

轮作一般要遵循以下原则:

(1)有利于土壤肥力的恢复与养分利用提高:如深根性蔬菜(豆类、茄果类)与浅根性蔬菜(叶菜类、葱蒜类、黄瓜等)轮作。把需氮较多的叶菜类与需磷较多的果菜类和需钾较多的根菜类轮作,利用不同的养分。

(2)有利减少病虫害:植物病虫的侵染有一定范围。一般同科作物都感染同科病害,须隔科轮作。

(3)兼顾前后作,不违农时,前后作物的种植应互相不影响。

2.整地施基肥

在前茬作物收获后应及时进行深耕晒土,高温季节应采用闷棚法杀死棚内病虫害。在定植前20天左右施足基肥,基肥以有机肥为主,基肥撒施后深翻20~30厘米,使肥料与土壤混合均匀,然后耙平耙细。采用深沟高畦,以利于排灌,提高土壤通透性和降低湿度,减少病害发生。

3.培育壮苗

(1)培育壮苗的基本要求

选择抗病品种:根据病虫害的发生规律、主要蔬菜病害的类型选用适合本地栽培的、抗病性较强的蔬菜品种。

苗床准备:选择地势高燥、取水方便但又不易积水、避风向阳、地下害虫少的地块作苗床。营养土应选择没有病原菌、虫卵、土壤通透性和持水性好且没有种过同科蔬菜作物的菜园土,要求细而疏松、富含有机质。在播种前进行床土消毒。冬春季蔬菜育苗提倡采用电热育苗;夏秋季育苗应搭建遮阴棚等降温设施。

(2)育苗方式

嫁接育苗:以黑籽南瓜为砧木嫁接黄瓜、西葫芦等,能有效防止瓜类枯萎病,并增强其抗其他病害的能力。

播种育苗:在播种育苗前应进行精选种子,晒种1～2天,以提高出芽率和整齐度。种子应进行消毒,常用的方法有温汤浸种、热水烫种法、药剂处理、干热处理等。

穴盘育苗:以不同规格的专用穴盘作容器,用草炭、蛭石等轻质无土材料作基质,通过精量播种(一穴一粒)、覆土、浇水,一次成苗的现代化育苗技术。我国引进以后称其为机械化育苗或工厂化育苗,目前多称为穴盘育苗。穴盘育苗运用智能化、工程化、机械化的育苗技术,摆脱自然条件的束缚和地域性限制,实现蔬菜、花卉种苗的工厂化栽培。

(3)无公害蔬菜栽培常用的育苗方式

①根菜类(除大头菜、芜菁甘蓝、芜菁可移栽外)、薯蓣类宜播种育苗。

②白菜类、甘蓝类、芥菜类中大叶菜宜育苗,小叶菜可直播或育苗移植。大白菜、结球芥菜易感病,必须用防虫网覆盖等保护设施,并用营养钵或穴盘育大苗带土移植。

③绿叶菜类直播或育苗种植。

④瓜类宜营养钵或穴盘育苗,大苗带土移植,普通苗床育苗在子叶平展时移植。

⑤葱蒜类,韭菜宜育苗移植,其他的直播。

⑥豆类早春栽培,要育苗,第一片真叶未展开时定植。其他季节直播。

⑦嫁接育苗。多用于西瓜、甜瓜、黄瓜、番茄等种类。

4. 及时定植

栽培应深沟高畦,冬春季定植前10天覆盖塑料薄膜、扣好棚膜后闷棚暖地;定植后要闷棚1周,直到缓苗后再通风。夏秋季定植后要保持土壤湿度,及时补水,并做好遮阴工作,以利缓苗,在缓苗后及时浇活棵水。

5. 控制好田间温湿度

温度管理:可采用加覆薄膜、地膜、覆盖物等保温,晴好天气在9～10时可打开小拱棚,10～11时可打开大棚进行通风,下午及时闭棚保温,阴雨天只揭去覆盖物,同时应根据棚内土壤湿度和空气湿度适当调节通风透光时间;夏秋季栽培大棚可全天打开通风降温,雨天应闭棚,减少雨淋。

湿度管理:冬春季气温低,宜少浇水,浇水一般在中午前后;夏秋季浇水应选在早晨或傍晚进行,切忌中午浇水。浇水量应使耕层或根系主要分布层内的土壤达到湿润。水后应及时通风降湿。最好采用全棚地膜覆盖栽培方式。

6. 合理施用肥料

(1)肥料的使用应符合《肥料合理使用准则》(NY/T496)的规定。禁止使用未经国家或省级农业部门登记的化学和生物肥料及重金属含量超标的肥料(有机肥料及矿质肥料等)。一般要保证 7 天的安全间隔期,氮肥要保证 15 天的安全间隔期。

(2)合理施肥原则与肥料选择

合理施肥原则:合理施肥,培肥地力,改善土壤环境,改进施肥技术,因土、因菜平衡协调施肥,以地养地。坚持有机肥与无机肥相结合;坚持因土、因作物合理施肥,坚持测土配方施肥,在农田施用肥料应遵循如下原则:①施用肥料中污染物在土壤中的积累不致危害农作物的正常生长发育;②施用肥料不会对地表水及地下水产生污染。

(3)定量施肥方式

施肥量确定:一般在栽培上使用的主要方法有地力分区(级)配方法,目标产量配方法(包括养分平衡法和地力差减法),田间试验配方法(包括肥料效应函数法和养分丰缺指标法)等。一般作物施肥量常用目标产量配方法进行推算。其计算公式如下:

$$作物施肥量 = \frac{目标产量所需养分吸收量 - 土壤养分供给量}{肥料有效养分含量(\%) \times 肥料利用率(\%)}$$

一般情况下,化肥的当季利用率为氮肥 30%～35%,磷肥 15%～25%,钾肥 25%～35%。养分吸收量可以查找有关材料手册得知,土壤养分供给量需经土壤测试,田间试验得知。无公害农产品基地应重视有机肥投入,其与化肥总有效养分比以 1:1 效果较好。

(4)施肥管理规定

①允许施用的肥料　允许施用的肥料有三类:有机肥料,包括经无害化处理后的粪尿肥、绿肥、草木灰、腐殖酸类肥料、作物秸秆等;无机肥料,包括氮肥中的硫酸铵、碳酸氢铵、尿素、硝酸铵钙等,磷肥中的过磷酸钙、重过磷酸钙、钙镁磷肥、磷酸二氢铵等,钾肥中的硫酸钾、氯化钾、钾镁肥等,微量元素肥料中的硼砂、硼酸、硫酸锰、硫酸亚铁、硫酸锌、硫酸铜等;其他肥料,包括以上述有机或无机肥料为原料制成的符合《复混肥料》(GB15063－1994)并正式登记的复混肥料,国家正式登记的新型肥料和生物肥料。

②禁止和限量使用肥料　禁止和限量使用肥料包括城市生活垃圾、污泥、城乡工业废渣以及未经无害化处理的有机肥料;不符合相应标准的无机肥料;不符合《含氨基酸叶面肥料》(GB/T17419)、《含微量元素叶面肥料》(GB/T17419)和《含微量元素叶面肥料》(GB/T17420)标准的叶面肥料。

③肥料标准和肥料施用准则　目前,已经发布的有关肥料标准和肥料施用准则有《复混肥料》(GB15063—1994),《含氨基酸叶面肥料》(GB/T17419—1998),《含微量元素叶面肥料》(NY/T17420—1998),《微生物肥料》(NY227—1994),《绿色食品肥料使用准则》(NY/Y394—2000),《肥料合理使用准则》(NY/T496—2000),国家系列标准中的其他常用肥料等。

7. 合理使用农药

(1)对症下药。各种农药都具有一定的防治范围和对象,在决定施药时,首先要弄清防治对象,然后对症下药。当两种或两种以上不同类的病害混发时,则需选用对症的农药配制混合药剂来防治。如当霜霉病、白粉病混发时,宜选用乙磷铝(或普力克)与三唑酮(粉锈宁)混合剂。

(2)适时用药,抓住防治关键期。要做到适时用药,要全面地看问题,并且要在时间上抓紧。从虫龄大小、生活习性、外界气温、对人畜和作物安全等方面综合考虑,抓住防治的关键时间。如烟青虫的防治,应在幼虫三龄前(即幼虫未蛀入辣椒果实之前)用药防治,才能取得最好的防治效果。斜纹夜蛾成虫产卵前聚成块,三龄前幼虫群集危害,此时用药效果最佳。有的农药在高温、强光照的情况下易分解失效,而某些夜蛾幼虫有晚间活动的习性,这种情况下,我们可考虑傍晚时施药,这样既可提高药效,又可减少施药者中毒的机会。

(3)合理的用药量和施用次数。无论哪一种农药,施用浓度或用量都要适当,且不要随便加大,以免引起药害,污染环境及更快地产生抗性。要按照说明书进行,注意按规定的稀释浓度和用药量及施药间隔时间。切忌天天打药和盲目加大施药浓度和施用量。

(4)选用适当的剂型及适当的混用方法。首先要选择低残留的农药,每一种剂型都有它的特点和优点,如颗粒剂的施用对人畜安全,不污染环境,而且对害虫的天敌影响少。农药的适当混合使用,可防止害虫抗性产生,同时起到兼治和增效作用,还可减少用药次数。为避免病菌和害虫对农药产生抗性与降低农药残留量,不可长期单用一种农药。要交替用药,一般一种农药用2～3次后,就应换其他农药品种。

(5)注意施用农药与害虫天敌的关系。在蔬菜害虫防治中,化学防治与生物防治往往是互相矛盾的,主要是由于一些农药对害虫天敌起了严重的杀伤作用,破坏原来的生态系统,引起害虫的猖獗。我们可以通过选择农药的剂型、使用方法、施用次数及施用时间或者是施用有选择性的化学农药来解决矛盾。

(6)必须施药时,坚持能局部施药,坚决不全部施药,这样既节约了栽培成本,又降低了环境污染。

(7)尽量使用无残毒化学剂和有机助剂防治病虫害。如用0.20％的小苏打防治黄瓜白粉病、炭疽病;高锰酸钾1 500～2 000倍液防治黄瓜枯萎病、灰霉病;疫霉灵300倍液加蔗糖与尿素各200倍液防治黄瓜、西葫芦霜霉病。防治效果均达90％以上。

8. 采收前自检

采收前自检主要有查看是否过了使用农药、肥料的安全间隔期,有条件的可用速测卡(纸)或仪器进行农残检测。

9. 采收

(1)注意采收适期。根据蔬菜生长情况、成熟度、目标市场远近、市场蔬菜供应情况、采后处理设施条件等因素,适时进行采收。

(2)净菜上市。①感官要求:根茎类菜不带泥沙,不带茎叶,不带须根;结球叶菜剥净绿色外叶,不带须根,茎基削平;花菜不带外叶,茎基削平,青花菜可带主茎、去叶去根;果菜不带茎叶,瓜、豆条幼嫩,果实圆整。如图 2-1 所示。②净菜用水泡洗时,水质应符合规定标准。

图 2-1　净菜采收与简易包装

(3)分级:蔬菜按品质、颜色、个体大小、重量、新鲜程度、有无病伤等方面进行分级。

①特级:具品种的形状、色泽和风味,大小一致并且包装排列整齐,允许有 5% 的误差(数目或重量)。

②一级:具本品种的形状、色泽和风味,但允许在色泽上、形状上稍有缺陷,外表稍有斑点,且不影响外观和保存品质。

③二级:基本具有品种的形状、色泽和风味,允许呈现某些缺点,但不影响外观和保存品质。

二、无公害蔬菜栽培的茬口安排与栽培设施

(一)无公害蔬菜栽培的主要种类

目前我国的无公害蔬菜栽培发展迅速,已经普及到了很多蔬菜种类,主要有茄果类、瓜类、豆类、葱蒜类、绿叶菜类、芽菜类等。

1. 茄果类

茄果类蔬菜主要有番茄、茄子、辣椒等。茄果类蔬菜产量高、供应期长、适应能力强、栽培范围广,在我国大部分地区能实现多季节栽培和供应。

2. 瓜类

无公害栽培的瓜类主要是黄瓜,面积居瓜类之首,另外西葫

芦、西瓜、甜瓜、苦瓜等也有大面积的栽培。

3. 豆类

无公害栽培栽培的豆类主要是菜豆、豇豆。

4. 绿叶菜类

无公害栽培的绿叶菜类主要有芹菜、菠菜、苋菜、茼蒿、荠菜等。绿叶菜类一般植株矮小,生育期短,需光性不强,无公害栽培中既可单作也可进行间作套种。

(二)蔬菜无公害栽培的主要茬口

1. 露地栽培的茬口

在适宜蔬菜生长的季节,可以采用直播栽培的方式,栽培无公害蔬菜产品,一般由北方向南方随着气候资源的丰富,栽培的茬口逐渐增多。如黄瓜在哈尔滨只能露地栽培春茬,郑州可以露地栽培春茬、秋茬,武汉则可以栽培春茬、夏茬、秋茬,广州则可以栽培冬春茬、春茬、夏茬、秋茬、冬茬。

茬口适合安排的蔬菜种类:

(1)越冬茬:菠菜、芹菜等,3~4月供应。

(2)早春风障茬:小白菜、菠菜、黄瓜、番茄等,4~5月供应。

(3)春茬:瓜、果、豆类等,6~7月供应。

(4)夏茬:茄子、黄瓜、辣椒等,8~9月供应。

(5)秋茬:白菜类、根菜类等,10~12月供应,可延续到翌春。

2. 设施栽培茬口

在我国北方地区,欲增加栽培茬口,延长鲜菜的供应期,就必须采用设施栽培。

(1)冬春茬 是日光温室栽培难度最大,经济效益最高的茬口。一般于"十一"前后播种或定植,入冬后开始收获,翌年春结束栽培。主要栽培喜温性果菜类,对于一些保温条件较差的温室,也可进行韭菜、芹菜等耐寒性较强的蔬菜的冬春茬栽培。

(2)春早熟栽培 是日光温室和塑料大棚的主要栽培茬口,以栽培喜温性果菜类为主。前期均利用温室育苗,保温性能较好的日光温室可于2~3月定植,塑料大棚可于3~4月定植,产品始收期可比露地提早 30～60 天。

(3)越夏栽培　利用温室大棚骨架覆盖遮阳网或防虫网,栽培一些夏季露地栽培难度较大的果菜类或喜冷凉的叶菜类(白菜、菠菜等),于春末夏初播种或定植,7～8 月收获上市。

(4)秋延后栽培　是塑料大棚的主要栽培茬口。一般于 7～8 月播种或定植,栽培番茄、黄瓜、菜豆等喜温性果菜类蔬菜,供应早霜后的市场,也有相当一部分叶菜等的延后栽培。

(5)秋冬茬　是日光温室栽培的主要茬口之一,一般于 8 月前后播种或育苗,9 月定植,10 月开始收获直到春节前后。以栽培喜温性果菜类为主,前期高温强光,植株易旺长,后期低温寡照,植株易早衰,栽培难度较大。

(三)日光温室蔬菜栽培制度

1. 各茬适宜栽培的蔬菜种类

(1)秋冬茬　该茬适宜栽培的主要蔬菜依次是:黄瓜→韭菜→番茄→芹菜→速生蔬菜→草莓。

(2)冬春茬　适宜种植的主要蔬菜依次是:黄瓜→番茄→辣椒→茄子→西葫芦→菜豆→速生蔬菜→葡萄。

(3)越冬茬　适宜种植的蔬菜依次主要为:黄瓜→韭菜→西葫芦→茄子→辣椒→番茄→香椿。

2. 常见茬口安排

(1)一大茬栽培

①越冬茬黄瓜:一般从 10 月开始播种育苗,11 月定植,12 月底至翌年元月初开始采收,直到 5 月。该茬主要适用于北纬 39°以南的地区。

②韭菜一大茬栽培:该茬栽培分两种情况,一种是选用具有鳞茎休眠方式的普通韭菜品种,于入冬韭菜地上部分干枯后开始扣棚,连续收割 4～5 刀,撤棚后结束栽培,转入露地养根。另一种选用具有假茎或整株休眠方式的特殊韭菜品种,一般可于当地酷霜到来前收割后扣膜栽培,连续收割 5 刀,直到春天。

③越冬茬番茄:一般是 8 月下旬到 9 月上旬播种育苗,10 月底

定植,翌年1月中旬前后始收,直至6月下旬。

④越冬茬西葫芦:一般是10月1日前后播种育苗,苗龄40～45天,11月中旬定植,12月上中旬始收,直至翌年5月份。

⑤越冬茬茄子:一般8月中下旬播种育苗,10月上旬定植,12月上中旬始收,直到翌年6月下旬。该茬是目前很有发展前途的一种种植方式。

⑥越冬茬青椒:一般8月下旬到9月上旬播种育苗,10月中旬到11月上旬定植,12月上旬始收,直到翌年6月下旬。

(2)秋冬、冬春两茬栽培

①韭菜—黄瓜:这是蔬菜设施日光温室最主要和基本的接茬方式,这种方式在辽南最为突出。茬口优点:韭菜管理技术简单,对栽培温度要求低,适应性强,稳产;韭菜体内含有蒜素,对某些病原菌有抑制和杀灭作用,是黄瓜理想的茬口。

②黄瓜—黄瓜:秋冬和冬春茬全部栽培黄瓜的种植方式。该种方式是冀中南及相邻地区的主要接茬方式。

③番茄—黄瓜:这是刚刚兴起的一种接茬方式,目前,该茬种植面积不宜过大。

④芹菜—黄瓜:该茬是日光温室蔬菜比较忌讳的一种接茬方式。原因有三:芹菜低矮,对栽培要求的温度低,在日光温室中栽培,综合经济效益稍低;芹菜栽培需水多,在栽培后土壤仍然表现出湿冷,需翻晒提高土温后栽培黄瓜;芹菜定植密度大,黄瓜不宜套种在芹菜行内,会推迟黄瓜定植和上市的时间,影响经济效益。

⑤速生菜—黄瓜:该接茬方式在冀中南及相邻区存在如下两种情况:一是温室修建晚,秋冬茬种植一大茬时,在时间和条件上不允许。只有加入速生蔬菜一小茬栽培,同时结合一小茬栽培进行下一大茬黄瓜的育苗。二是把秋冬茬栽培放到次要位置,侧重于冬春一大茬栽培,把速生蔬菜作为插空栽培内容。

⑥韭菜黄瓜—番茄(辣椒、茄子等):该种接茬方式目前还不多。

(四)无公害蔬菜栽培的主要栽培设施

蔬菜栽培的园艺设施栽培是人为地利用有关保温或降温材

料,改变设施内的小气候环境,主要是提高或降低小环境内温度,达到某种蔬菜作物生长所需的适宜温度条件的栽培方式。目前已广泛应用的有地面覆盖、风障畦、塑料大棚、小拱棚、巨型棚、温室、遮阳网覆盖、防虫网覆盖。这些设施可单独使用,也可综合使用,主要依气候条件和不同作物生长的需要而定。

1. 风障畦

风障是设置在菜田栽培畦北面的防风屏障物,由篱笆、披风及土背三部分组成。

根据篱笆高度,可分为小风障和大风障。小风障结构简单,只在菜畦北面竖立高 1 米左右的芦苇,或竹竿夹稻草等围成风障。风障能够减弱风速,稳定畦面气流,增强栽培畦内的光照,积蓄太阳光热提高畦内的气温和地温,在风障前形成背风向阳的小气候。其防风保温的有效范围为风障高度的 8～12 倍,最有效范围是1.5～2 倍。但风障结构简单,白天虽能增温,夜间由于没有保温设施,而经常处于冻结状态,因此栽培的局限性很大,季节性很强,效益较低。秋冬季用于耐寒蔬菜越冬栽培,如菠菜、韭菜、青蒜、小葱的风障根茬栽培;与薄膜覆盖结合进行根茬菜早熟栽培;用于小葱、洋葱等幼苗的防寒越冬;早春提早播种小白菜、茼蒿等喜凉叶菜类或提早定植黄瓜、番茄等喜温果菜类。

2. 阳畦

阳畦又称冷床,是利用太阳光热保持畦温,性能优于风障畦。阳畦是由风障、畦框、玻璃(薄膜)窗、覆盖物等组成。其风障结构与完全风障基本相同,可分为直立风障和倾斜风障两种。畦框用土或砖砌成,分为南北框及东西两侧框。畦面上可用竹竿做支架覆盖塑料薄膜或盖玻璃窗。玻璃窗的长度与畦宽相等,宽度为60～100 厘米。此外,玻璃窗或薄膜外还应加纸被、无纺布、草苫等作为保温覆盖物。晴天时,当露地最低气温在−20℃以上,阳畦内的温度可比露地高 12～20℃,可保护耐寒性蔬菜幼苗越冬。

除具有风障的效应外,阳畦增加了土框和覆盖物,白天可以大量吸收太阳光热,夜间可以减少有效辐射的强度,保持畦内具有较高的温度。阳畦主要用于早春蔬菜育苗,还可用于喜温性果菜类的提早定植,延后采收及喜凉蔬菜的假植栽培。在华北及山东、河南、江苏等一些较温暖的地区还可用于耐寒叶菜(如芹菜、韭菜)的越冬栽培。

3. 地面覆盖

地面覆盖是利用很薄的塑料薄膜覆盖于地面和近地面,进行保温和保湿的一种简易的栽培方式。

根据塑料薄膜是否和地面接触,地面覆盖可分为贴地面覆盖和近地面覆盖两种形式;其中贴地面覆盖根据覆膜时地面的形状可分为平畦覆盖、高垄覆盖和高畦覆盖等形式;近地面覆盖可分为沟畦覆盖和拱架式覆盖两种形式。

地面覆盖主要应用于果菜类、叶菜类和瓜菜类的春提前栽培,并和塑料大棚及日光温室结合应用于蔬菜的促成栽培。

4. 塑料拱棚

塑料拱棚是指将塑料薄膜覆盖于拱形支架上而形成的设施栽培空间。根据其拱架的大小可分为塑料小拱棚(一般高 1.5 米以下,宽 1.5~3 米,长 10~30 米),结构主要有拱圆形、风障加拱圆形、半拱圆形、土墙半拱圆形、双斜面形等;塑

图 2-2 竹木结构大棚

料中棚(一般高 1.5~2 米,宽 3~6 米,长 30~50 米);塑料大棚(一般高 2~3 米,宽 8~15 米,长 40~60 米)(如图 2-2);连栋大棚(由多个单栋大棚连接而成,面积视连接单栋大棚个数而定)。塑料拱棚面积越大,其保温、采光及保湿性能越强,气候因子变化越来越恒定;栽培空间越大,栽培蔬菜种类越多;需要的骨架材料越多越坚固。塑料小拱棚主要用于比较低矮的耐寒性强的绿叶菜类(韭菜、芹菜等)的春提前和秋延后栽培及喜温蔬菜的育苗;塑料中棚主要用于果菜类的春提前和秋延后栽培;塑料大棚主要用于喜温蔬菜、半耐寒蔬菜的春提前和秋延后栽培。

5. 巨型棚

巨型棚是河南省周口市扶沟县的菜农在反季节栽培蔬菜的过程中,逐渐摸索出来的一种新的蔬菜反季节栽培设施,一般每个棚室面积均在 15 亩左右,主要栽培黄瓜、番茄等蔬菜。大大降低了塑料棚室每亩地的成本。

巨型棚的结构为竹木结构。每个棚的跨度 20～90 米不等,长度因地块而定,高度 2.6～3.5 米。立柱间距 1.2～1.3 米,立柱行距离。1.9～2.2 米,膜外用 8～10 号钢丝压膜,早春多采用二膜、三膜或四膜覆盖,外膜多采用 7～8 丝聚乙烯防老化无滴膜,内膜采用无滴地膜(图 2-3)。

图 2-3 巨型棚

建造 1 亩地全年投资 7 000 元左右,其中竹竿、农膜、铁丝、水泥柱、建棚费等 3 500 元左右,种子、肥料、农药等 3 400 元左右,棚体折旧 300～400 元/亩。以后每年只需投资 3 400 元。

巨型棚栽培采用一年两茬栽培制度,即"早春"茬和"秋延"茬。早春茬一般以黄瓜为主,12 月底至翌年元月初育苗,2 月上旬定植于棚内,采取三膜覆盖,7 月初采收结束。越夏茬以番茄为主,6 月中旬育苗,7 月上旬定植,11 月底采收结束。还可以采取早春番茄接秋延番茄模式或早接黄瓜加越夏豆角和西兰花三茬模式;早春黄瓜接越夏叶菜和西芹等三茬等多种栽培模式,在我国现有栽培模式中,巨型棚都可以栽培。

以早春黄瓜和秋延番茄为例:早春黄瓜一般亩产 2.5 万斤以上,产值 9 000～13 000 元,越夏秋延番茄一般亩产 1.5 万斤以上,产值在 8 000～12 000 元,春秋两季扣除栽培成本,一般亩纯收1.3 万～2 万元(即:如有 10 亩地的巨型棚,一年可收入 13 万～20 万元)。

6. 温室

温室是目前蔬菜设施栽培栽上结构最完善,采光、增温和保温性能最好的设施类型。在 20 世纪 80 年代随着农村产业结构的调整，以塑料日光温室为主的温室栽培得到了迅猛的发展。以长后坡矮后墙半拱形为代表的冬用型塑料日光温室的产生和发展，为塑料日光温室冬鲜菜的栽培打下了坚实的基础。目前，利用塑料日光温室栽培的蔬菜已有几十种，包括瓜类、茄果类、豆类、绿叶菜类、葱蒜类、甘蓝类、芽菜类及食用菌类等蔬菜的周年栽培栽培。

7. **防虫网的覆盖栽培**

防虫网是采用聚乙烯为原料、形似网状的窗砂，一般使用寿命 3～5 年，目前使用的密度为 24～30 目，有白色、黑色、银灰色等颜色。黑色防虫网既可防虫，又能恰当地遮光；银灰色防虫网更兼有避蚜虫效果，主要在夏秋季节虫害发生高峰期使用，可使蔬菜不受害虫侵蚀或少受侵蚀，达到不用药或少用药的目的，是推广无公害蔬菜的有效设施。

8. **遮阳网覆盖栽培**

遮阳网是用黑色塑料原料栽培的黑色网，具有很好的遮阳保湿效果，据测定，遮光率一般为 65%～75%，在炎热的夏天，可使网下气温降低 6℃左右，提高网下空气相对湿度 20%～30%。因此，可以利用这些特点，进行香菜、芹菜、夏萝卜等反季节蔬菜栽培。

遮阳网还能减缓风雨袭击，保护蔬菜幼苗。冬季防止霜冻，日平均可使气温增加 2～3℃，气温越低，增温效应越明显，同时对蔬菜立枯病、番茄青枯病、黄瓜细菌性角斑病、辣椒病毒病等具有一定的防治作用。

项目三 无公害蔬菜栽培技术

一、瓜类蔬菜无公害栽培技术

(一)黄瓜无公害栽培技术

黄瓜别名胡瓜、王瓜。葫芦科甜瓜属中幼果具刺的栽培种,一年生攀缘植物,幼果脆嫩,适宜生吃、清炒和淹渍。我国栽培起步早,栽培经验丰富,无公害栽培主要是露地栽培和塑料大棚、巨型棚栽培、日光温室栽培。

1. 黄瓜的栽培茬口安排

我国长江流域以及其以南地区无霜期长,一年四季均可栽培黄瓜。夏秋季以露地栽培为主,冬春季节多利用塑料大、中棚等设施进行保护栽培。北方地区无霜期短,黄瓜除夏季可在露地栽培外,充分利用塑料大、中、小棚和日光温室进行春提

图 3-1 巨型棚栽培黄瓜

前、秋延后和越冬栽培,可实现黄瓜的周年栽培和均衡供应(图3-1)。

(1)日光温室冬春茬黄瓜从 11 月中旬开始播种,其时间可持续 1.5 个月到两个月。适宜苗龄 30～50 天,嫁接苗定植后 20～30 天即可采收。一般 3 月份进入盛瓜期,5 月中下旬进入栽培后期,栽培后期因瓜的质量下降,大多数温室放弃管理而结束。

(2)日光温室越冬茬是 10 月中旬在温室里嫁接育苗,11 月中下旬开始定植,12 月末至翌年元月初开始采收,采收期可长达 5 个月以上,5 月份至 6 月初结束。重点解决春节用瓜。

(3)日光温室秋冬茬一般是 8 月中下旬至 9 月初露地播种育

苗,9 月中下旬开始定植,9 月底至 10 月初开始扣膜,10 月中旬盖草苫,11 月至 12 月上旬是盛瓜期。

(4)塑料大棚春茬一般是 2 月上旬播种育苗,3 月下旬开始定植,4 月中旬至 7 月下旬采收。

(5)塑料大棚秋茬一般是 7 月中下旬露地播种育苗,8 月上旬开始定植,9 月上旬至 11 月初采收。

2. 黄瓜无公害栽培适宜的品种

应根据不同的栽培茬口选择适宜的品种。露地栽培品种主要选择北京 401、津春 4 号、津杂 1 号、津优 4 号、中农 12 号、中农 1101 等抗霜霉病、白粉病、黑星病、枯萎病、病毒病等多种病害能力强,商品性好、丰产性好,全生育期可少施农药或不施农药的品种,这些是主要的无公害蔬菜黄瓜品种。秋冬茬栽培应选择耐热、抗寒、长势强、抗病害的品种,主要品种有:津杂 1 号、津杂 2 号、津研 7 号、京旭 2 号、中农 1101 等。冬春茬和越冬茬应选择耐低温、耐弱光、又耐高湿、生长势强、早熟性好、第一雌花着生节位低,主蔓可连续结瓜且结回头瓜能力强,前期产量高而且集中的品种。目前适用于这茬黄瓜的品种有长春密刺、新泰密刺、山东密刺、津春 3 号、津春 4 号等,近年来由荷兰引进的小型黄瓜戴多星等雌性品种发展非常迅速。

3. 育苗与定植

目前栽培黄瓜,为提高黄瓜根系的耐寒性和抗枯萎的能力,除秋冬茬外,大多采用嫁接育苗。

温室栽培秋冬茬黄瓜,多在 7 月中下旬播种。定植时的适宜苗龄平均为 40～50 天,生理苗龄为四叶一心。若按苗龄来推算,播种后 40～50 天进行定植。

穴盘育苗:用每盘 50 孔或 72 孔的育苗盘育苗,基质选用透气性、渗水性好,富含有机质的材料,如蛭石与草炭按 1∶1 混合,加入一定的化肥即可;也可将洁净沙壤土或腐殖土,拌少量腐熟细粪后过筛,装于盘内(不宜装满,稍浅),把催芽后的种子放于穴内,每穴 1 粒,然后再盖上基质后浇透水,用多菌灵和杀虫剂最后喷淋 1 遍

起杀菌杀虫作用。每亩大田栽苗 4 000 株左右,需种子 80～
100 克。

嫁接育苗:在连作时,为防止枯萎病和冬季低温危害的发生,
常采用嫁接育苗。一般以黑籽南瓜为砧木,采用插接、靠接、劈接、
平接等方法进行嫁接,嫁接完成后栽植于苗钵中,浇水后覆盖拱
棚,拱棚外覆盖薄草帘或纸袋等遮光,保持棚内湿度 90%～95%,
温度 25～30℃,3 天后早晚打开草帘见光,1 周后可以通风。嫁接
苗生长较快,播种时间同常规日期,但黑籽南瓜发芽率低,出苗时
间较长,应适当提早播种 7～10 天。

直播:播前可进行浸种催芽,用 50℃ 温水浸种,以促进种子吸
水活化,兼起杀菌作用,待水温降至 30℃ 时保持恒温,继续浸 5～6
小时。浸种后,把种子轻搓洗净,用清洁湿纱布包好,保持在 30℃
条件下催芽,可放于瓦罐内或瓷盘内,保持一定湿度,放在灶上两
昼夜出芽后即可播种。可按 60 厘米、80 厘米的大小行开沟,沟内
灌水,水渗下后按 25～30 厘米点播,覆土厚度 1.5～2.0 厘米。每
亩用种量 250 克,每穴播种 2～3 粒。播后浇水,然后用地膜覆盖。

4. 整地施肥

整地方法因前茬作物不同而有区别,前茬是白地、黄瓜和速生
菜的,一般要在普遍施肥的基础上进行耕翻。耙平后,按 1～1.1
米距离,开沟集中施肥与土拌匀。在沟里浇足水,地皮发干后,在
沟上扶起一垄,称之为主行所占据的垄。在两主行之间再扶起一
垄;称之为副行。前茬是芹菜,一般地发阴,芹菜刨收后,按上述方
法施肥翻地、翻地后晒几天堡升温。

一般情况下,亩施基肥用量,优质圈肥为 8 000～15 000 千克,
饼肥 150～200 千克,硝酸铵 50 千克,过磷酸钙 150～200 千克,或
用磷酸二铵 50～75 千克代替上述两种化肥,草木灰 150 千克。有
条件的亩施硫酸锌 3 千克左右。

5. 定植

定植时,要考虑下面五个条件:①是否达到了当地气候条件所
允许的最早定植日期;②秧苗是否达到了适宜苗龄;③前茬作物是

否腾出地方让出了定植空间;④是否遇到了连续晴天;⑤定植前的准备工作如人员、工具是否齐备。上述条件具备时,要测试地温。测点连测 3～4 天 10 厘米地温,若地温稳定在 12℃以上,说明达到了定植的温度指针。上述条件不具备,不要草率定植。可以对环境因子做一些处理工作,如割坨晒坨,将营养钵散开扩大单株营养面积及分散到低温区进行炼苗等。

定植时间选在阴天上午进行,要求定植后至少有 3～4 个晴天。定植时遇到阴天最好要停止定植。继续定植时,不要浇水,待天气转晴后再浇水。

一般情况下,采用南北行向定植,而且要栽到垄上,其行距以 1 米左右为好。由于温室条件不同,主要采用两种栽植方式:

主副行强化整枝变化密度栽培:主行距 1～1.1 米,平均株距 27～30 厘米,要求前稀后密,每垄定植 14～16 行。主行的垄间再起一条栽副行的垄,平均株距 20 厘米,每行事实上植 22～24 株。

主副垄长短行种植:该栽植方式与前一种基本相似。要求主行平均株距 23～25 厘米,每行栽 20 株左右。副行只在垄前部栽 5～6 株。

6. 定植后的管理

(1)水、肥、温度的管理

①水分调节

定植后要强调灌好 3～4 次水,即稳苗水、定植水、缓苗水等。在浇好定植缓苗水的基础上,当植株长有 4 片真叶,根系将要转入迅速伸展时,应顺沟浇一次大水,以引导根系继续扩展。随后就进入适当控水阶段,此后,直到根瓜膨大期一般不浇水,主要加强保墒,提高地温,促进根系向深处发展。结瓜以后,严冬时节即将到来,植株生长和结瓜虽然还在进行,但用水量也相对减少,浇水不当还容易降低地温和诱发病害。天气正常时,一般 7 天左右浇一次水,以后天气越来越冷,浇水的间隔时间可逐渐延长到 10～12 天。浇水一定要在晴天的上午进行,可以使水温和地温更接近,减小根系因灌水受到的刺激;并有时间通过放风排湿使地温得到恢复。

浇水间隔时间和浇水量也不能完全按上面规定的天数硬性进行,还需要根据需要和黄瓜植株的长相、果实膨大增重和某些器官的表现来衡量判断。瓜秧深绿,叶片没有光泽,卷须舒展是水肥合适的表现;卷须呈弧状下垂,叶柄和主茎之间的夹角大于 $45°$,中午叶片有下垂现象,是水分不足的表现,应选晴天及时浇水。浇水还必须注意天气预报,一定要使浇水后能够遇上几个晴天,浇水遇上连阴天是非常被动的事情。

春季黄瓜进入旺盛结瓜期,需水量明显增加。此时浇水就不能只限于膜下的沟内灌溉,而是逐条沟都要浇水。浇水的间隔时间会因管理的温度不同而有明显的差别,按常规温度(白天 $25 \sim 28℃$,不超过 $32℃$,夜间 $18 \sim 16℃$)管理的,一般 $4 \sim 5$ 天浇一次水;管理温度偏高的,根据情况可以 $2 \sim 3$ 天浇一次水。只有根据管理温度,在满足所必需的肥料供应的前提下,提供足够的水分,才能够保证高产。嫁接苗根系扎得深,不能像黄瓜自根苗那样轻轻浇过,间隔一定时间适当地加大一次浇水量,把水浇透,以保证深层根系的水分供应。

空气湿度的调节原则是,嫁接苗到缓苗期宜高些,相对湿度达到 90% 左右为好。结瓜前,一般掌握在 80% 左右,以保证茎叶的正常生长,尽快地搭起丰产的架子。深冬季节的空气相对湿度控制在 70% 左右,以适应低温寡照的条件和防止低温高湿下多种病害的发生。入春转暖以后,湿度要逐渐提高,盛瓜期要达到 90% 左右。此时,原来覆盖在地面的地膜要逐渐撤掉,而且大小行间都要浇明水。高温时必须有高湿相随,否则高温是有害的,也不利于黄瓜的正常长秧和结瓜。

②施肥

营养土配制　黄瓜施肥首先要重视育苗土的配制。一般可用 50% 菜园土、30% 草木灰、20% 腐熟干猪粪掺和均匀而成。黄瓜育苗营养土除需进行土壤处理消除病虫害以外,还可以增施磷酸二氢钾,按每立方米营养土加入磷酸二氢钾 $3 \sim 5$ 千克计算,与营养土掺和均匀。幼苗期适当增施磷、钾肥可以增加黄瓜幼苗的根重和侧根数量,利于营养吸收和壮秧。也可在幼苗期喷施 0.3% 尿素和磷酸二氢钾的混合液,以补充营养,培育壮秧。

基肥　黄瓜对肥料的利用率低,因此黄瓜地需要多施基肥,定植前亩施有机肥 6 000 千克,生物肥 250 千克,尿素 60 千克,过磷酸钙 30～40 千克,硫酸钾 50 千克,硫酸锌 2 千克。

追肥　黄瓜定植后随浇稳苗水追施促苗肥。每亩用尿素 1～2千克。在进入结果期前为了促进根系发育,可在行间开沟或在株间挖穴,每亩施用三元复合肥 20～25 千克。进入结果期后,由于果实大量采收,每 5～10 天应追肥 1 次,每次每亩施高氮复合肥25～30 千克。施肥方法可随水冲施。为了补充磷、钾营养,在盛果期结合打药,喷施 0.5% 的磷酸二氢钾 2～3 次,0.2% 的硝酸钙、0.1% 的硼砂 2～3 次,可以提高产量,防止瓜秧早衰和减少畸形果。

③温度管理

定植到根瓜膨大期:这一时期大多数地区的天气较好,管理上应以促秧、促根和控制雌花节位为主,抢时搭好丰产架子,培养出适应低温寡照条件的健壮植株,为安全越冬和年后高产打下基础。

越冬茬属于长期栽培,一般黄瓜从第 7 节附近开始出现雌花,以便有利于调整结瓜和长秧的关系。为此,在温度管理上就要依苗分段来进行管理:第 1 片真叶以前采用稍高的温度进行管理,一般晴天的上午保持 25～32℃,夜间到 16～18℃。从第 2 片叶展起,采用低夜温管理(清晨 10～15℃),以促进雌花的分化。5～6片真叶以后,栽培环境有利于雌花的分化时,则会使品种的雌花着生能力得到充分的表现。此期的温度应适当高些,晴天白天上午25～32℃,下午 23～20℃,夜间 20～14℃。如果前期因天气或人为原因而没有采取控制雌花节位的温度管理程序,雌花出现的节位就低,雌花连续大量出现,植株生长可能或已受到抑制,甚至出现"花打顶"时,要下决心通过人工疏瓜措施进行调整。

结瓜前期:越冬茬黄瓜开始结瓜后,大多数地区已进入严冬时节,光照越来越显不足。此时管理温度必须在前一阶段的基础上逐渐降下来,逐渐达到晴天上午 23～26℃(弱光下气温 23～25℃时净光合率最高),不使其超过 28℃;午后 22～20℃,前半夜 18～16℃,不使超过 20℃,清晨揭苫时 12～10℃。此时的温度,特别是夜温一定不能过高。

在最冷时节到来以前,要使黄瓜经受白天 10～12℃、夜温 8℃左右低温的锻炼,以使黄瓜产生适应性的生理变化,从而能够比较安全地进入和度过低温期。低温寡照期切不可使温度忽高忽低,特别不要轻易放高温,那样会使低温下植株体内产生的糖分在高温下变成呼吸基质而被消耗掉,影响其抗寒能力。在上述有计划的逐步实现的低温管理下的黄瓜,一般表现为节间短(7.8厘米),叶子小(直径一般 16～18 厘米,不超过 20 厘米)、叶柄短。这种株型也可以视为低温条件下一种适应性的株型。它虽然单叶面积小,但上下遮挡轻,总体光合效率还是比较高的。

春季盛瓜期:入春后,日照时间逐日增长,日照强度逐日加大,温度逐日提高,黄瓜逐渐地转入产量的高峰期。此期温度管理指针要随之提高,逐渐达到理论上适宜的温度管理。这种温度管理下的植株一般比较健壮,营养生长和生殖生长比较协调,有利于延长结瓜期和提高总产量。进入 3 月、4 月份,为了抢行情,及早拿到产量,也可采用高温管理。高温管理时,晴天的白天上午温度掌握在 30～38℃,夜温 21～18℃。高温管理须有一些基本的条件,第一是品种必须对路,譬如密刺系列的黄瓜一般可进行这种管理;第二是瓜秧必须是壮而偏旺的,瘦弱的植株往往不适应这种高温条件;第三是必须有大量施用有机肥这样一个基础,能够大量施用速效氮肥;第四是必须有大水这样一个保证条件。

(2)植株调整

①吊蔓 深冬黄瓜定植后 1 周左右,用聚丙烯撕裂绳下端拴在秧茎部,绳的上端缠绕一段,作为以后落蔓时使用,然后系在垄顶薄膜下细铁丝上,同时将瓜蔓引到吊绳上,进行"S"形绑蔓。冬春茬黄瓜枝叶繁茂,一般采取插架绑蔓。在植株长有 6 片多叶,卷

须开始出现插架、绑蔓时，为防止瓜蔓过早达到棚顶，头1～2次绑架可采取"S"形迂回绑架。也可先直绑，待往上绑时，再将瓜蔓调整为"S"形，以后要直着往上绑。做"S"形绑蔓，要通过弯曲茎的长短来调整各植株使其基本保持一致(图3-2)。

图3-2　黄瓜日光温室吊蔓栽培

②摘卷须和雄花　结合绑蔓及时去除雄花，打掉卷须和基部第5节以下的侧枝。第5节以上的侧枝可留1条瓜，在瓜前留下2个叶片摘心。

③落蔓与打老叶　及时摘除化瓜、弯瓜、畸形瓜，及时打掉下部的老黄叶和病叶，去掉已收完瓜的侧枝。植株长满架时，主蔓茎部已扫掉了枝叶，应将预留的吊绳解开放下，使蔓基部盘卧地面上，为植株继续生长腾出空间，并根据植株生长情况，隔一段时间落一次蔓。

(3)放风管理

冬季为排除设施内的湿气、有害气体和防止温度过高时，必须适当放风。冬季冷风直接吹到叶片上容易造成冻害，放风要注意两点：第一只开启上排放风口，不开下排放风口；第二放风口最好用一块塑料布阻挡一下直接进入温室内的冷空气，不使其直接吹到叶片上。

7. 采收

黄瓜的瓜把深绿，瓜皮有光泽，瓜上瘤刺变白，顶梢现淡绿色条纹即可采收瓜(管理适当，一般开花后7～12天)，为了质量鲜嫩、减少养分消耗、增加单株收瓜条数，应当及时采收较嫩瓜条，尤其是根瓜，一定要早采收，以防瓜坠秧。采用棚室栽培的黄瓜，适时多次采收是提高其产量和质量的有效措施。据试验，每天采收一次比隔日采收一次的瓜数多21.4%，总产量提高9%；每天采收一次比隔3天采收一次的瓜数多42.3%，总产量提高11.8%，并可减少畸形瓜的出现。可见如果水肥充足，采收愈勤，产量愈高，一般要求每天采收。采收应选择在上午 8 时前进行，轻摘轻放，分级包装；下午采收不仅易使瓜果产生苦味，影响质量，而且瓜果因温度过高，不耐贮运。

(二)西葫芦无公害栽培技术

西葫芦原产中美洲，故称美洲南瓜。我国有些地方简称葫芦。西葫芦是瓜类中生长迅速且旺盛的一种蔬菜，它不仅对栽培条件和气候条件有着较强的适应力，而且根系发达，吸收水肥能力强。

1. 西葫芦无公害栽培季节及茬口安排

西葫芦露地栽培可分为春秋两茬，春季利用塑料大棚、阳畦等设施育苗，终霜后定植于露地。秋茬栽培可于夏季在遮阴防雨棚内育苗，苗龄 20 天左右即可定植，一直采收至初霜来临。设施栽培主要是运用冬用型塑料日光温室进行冬春茬和越冬茬栽培(图 3-3)。冬春茬，多在 12 月上中旬开始育苗，翌年元月中下旬定植，2 月下旬开始采收，5 月上中旬结束。越冬茬，一般 9月底 10 月初播种育苗，11 月上中旬定植，12 月中旬开始采收，直到第二年 5 月采收结束。

图 3-3 日光温室地膜覆盖
西葫芦栽培

2. 适合无公害栽培的优良品种

西葫芦无公害栽培应选择生长势强、早熟、耐低温、抗病虫害的矮生型西葫芦品种。果实的形状和色泽均应符合消费习惯和市场要求。普遍采用早青一代、花叶西葫芦、黑美丽、阿太一代西葫芦、中葫 1 号、绿宝石、太阳 9795、如意等品种。

3. 育苗与定植

(1)育苗

西葫芦一般在温室或阳畦内采用营养钵育苗,9月下旬至10月初开始进行。寒冷季节可以用电热温床进行育苗。

①播种期　西葫芦属于喜温蔬菜,定植时的地温应稳定在13℃以上,正常生长时的最低气温不要低于8℃。保护地和冬春季栽培,要根据以上温度指标及苗龄来确定当地适宜的播种期;秋季播种期比当地大白菜略晚4~5天,适播期一般为9月下旬至10月上旬。

②播前种子处理

温汤浸种:将种子放入干净的盆中,倒入50~55℃温水烫种15~20分钟后,不断搅拌至水温降到30℃左右。然后加入抗寒剂浸泡4~6小时。再用1%高锰酸钾溶液浸种20~30分钟(或用10%磷酸三钠溶液浸种15分钟)灭菌。边搓边用清水冲洗种子上的黏液,捞出后控出多余水分,晾至种子能离散,然后开始催芽。

催芽:浸种后,把种子轻搓洗净,用清洁湿纱布包好,保持在28℃条件下催芽,催芽期间种子内水分大,则容易烂籽,所以每天均应用温水冲洗2~3遍后,晾至种子能离散,继续保持催芽。2~3天开始出芽,出芽时不要翻动,3~4天大部分种子露白尖,70%~80%的芽长达到0.5厘米即可播种。

③播种　种子最好播在育苗钵内,也可直接播在苗床内(要进行分苗和切方)。播种前要浇足底水,待水下渗后在每钵中央点播1~2粒种子,覆土厚度1.5厘米左右,并覆盖一层地膜。

④苗期管理　出苗前白天温度25~30℃,夜间18~20℃。出苗后撤去地膜,白天温度在25℃左右,夜间13~14℃。定苗前8~10天,要进行低温炼苗,白天温度控制在15~25℃,夜间温度逐渐降至6~8℃,定植前2~3天温度还可进一步降低,让育苗环境与定植后的生长环境基本一致。西葫芦的苗龄一般为25~35天。

(2)整地施肥

①施足底肥。要求施足底肥,精细整地科学施用。一般亩用

优质腐熟猪圈粪、厩肥或富含有机质农家肥不少于 15 000 千克,过磷酸钙 150～200 千克,饼肥 200～300 千克,尿素 30～40 千克。肥料施用应采取地面铺施和开沟集中施用相结合的方法,肥料施入后及时深翻。

②整地起垄。越冬茬栽培采取垄作。大小行种植,其中大行距 100 厘米,小行距 80 厘米。施肥分两步:先用底肥总量的 2/5 铺施地面,然后人工深翻两遍,把肥料与土充分混匀,剩余底肥普撒沟内。在沟内再浅翻把肥料与土拌匀,在沟内浇水,待可作业时再起垄。每条沟的上面扶起高 30 厘米,底宽 40 厘米左右的宽垄。同时,在 100 厘米的大行间再扶起一个高 25 厘米左右的小垄。

(3)定植

①定植时间。苗龄 30～40 天,长有 4 叶 1 心开始定植,时间大约在 11 月上旬。

②定植地点。在两条相邻 80 厘米的宽垄之间插上稍稍隆起的简易拱架,用一整块地膜或两块膜拼接覆盖其上,搭到两宽垄的外侧,向下垂 15～20 厘米。

③定植密度。平均株距 40 厘米,前密后稀在膜上打洞开孔定植。每 100 米长温室栽植 1 300～1 400 株。

④定植方法。定植宜选晴天上午进行,选取无病虫的健壮苗,定植时一级苗在行子的北头,二级苗在行子的南头,以便生育期间植株受光均匀,长势一致,保证均衡增产。栽苗后浇足底水,待水下渗后埋土封口。缓苗后再浇一水,然后整平垄面,覆盖地膜并将苗子放出膜外。

4. 定植后的管理

(1)温度管理

设施栽培的定植后以增温、保温为主。温度调控的主要措施是通过拉盖草帘、纸被和通风、放风、放气孔的大小及时间来加以控制。缓苗前温度宜高,要求白天保持 25～30℃,夜间 18～20℃。

缓苗后,温度适当降低,白天 20～25℃,夜间 12～15℃。坐瓜后温度可适当高些,白天 25～28℃,夜间 15℃左右,当温度超过 30℃时要通风,降到20℃以下时闭棚,15℃左右时要放下草苫保温。

严冬到来之前,要求夜温降到10～12℃或再略低些。对夜间保温性能差的温室,特别是短后坡温室,白天温度要达到30～32℃。对保温性能好的温室,白天掌握在25～28℃为宜。

严冬过后,要求白天25～28℃,夜间15℃左右,随着气温的回升,室外气温稳定通过12℃以上时可昼夜通风,并注意防范寒流侵袭,这有利于保持茎叶生长旺盛和结瓜的正常进行。

(2)光照管理

整个生长期间,要创造条件,使之多见光,除适时早敞晚盖草苫外,还要经常清洁棚膜,矫正植株,摘除病老叶。在连续阴雪天气时要争取短时间的通风透光,当连阴骤晴时,要注意中午回帘遮阳。

(3)水肥管理

①露地栽培的带土块或营养钵移苗,定植后浇足水。缓苗后每亩追人粪尿150～200千克,接着中耕、蹲苗,适当控制浇水,促进根系生长和花芽分化。当第一瓜坐住后停止蹲苗。亩施人粪尿1 000千克,硫酸铵15千克。以后每摘1～2次瓜,亩追人粪尿500千克、硫酸铵10千克。一般结果期追肥4～5次,保证膨瓜时对肥料的需求,以利连续结瓜。西葫芦叶片大,蒸腾旺盛,高温季节要定期补充水分;雨天要开沟排水,防止积水烂根。

②设施栽培的定植时浇透水。缓苗后,土壤干燥缺水,可顺沟浇一水。大行间进行中耕,以不伤根为度。待第一个瓜坐住,长有10厘米左右长时,可结合追肥浇第一次水。以后浇水"浇瓜不浇花",一般5～7天浇一水。严冬时节适当少浇水。一般10～15天浇一水。浇水一般在晴天上午进行,尽量膜下沟灌。空气相对湿度保持在45%～55%为好。严冬要控制地面水分蒸发。在空气湿度条件允许的情况下,于中午前后通一阵风。

基肥充足的情况下,春节前追2～3次肥,入春宜多次追肥,一般10～14天追一次,要求肥与水配合,浇一次水,冲施一次肥。西葫芦需钾多,宜氮钾配合。冬季追氮肥以硝酸铵为好,每亩每次用

25～30 千克。钾肥不易用氯化钾。春暖后,可将碳酸氢铵溶于水中灌入,注意施前施后通风。配合叶面喷肥和施二氧化碳气肥,以改善产品品质,提高产量。看苗进行根外追肥,植株生长势弱、叶色较深时,喷用 200 倍的尿素,坐瓜后喷用磷酸二氢钾混用绿勃康或少量微量元素或稀土肥。低温寡照下喷红白糖或葡萄糖溶液。

(4)植株调整

①整枝吊蔓。西葫芦以主蔓结瓜为主,对叶蔓间萌生的侧芽应尽早打去。生长中的卷须应及早掐去。摘叶、打杈和掐卷须宜选晴天上午进行。植株 4 叶 1 心时即可开始吊蔓。当田间植株将要封垄时(通常在第 2 瓜采摘后),再喷施 1 次 1 500 倍液的多效唑,以控制长势。叶片肥大、叶片数多、长势过旺、株间阴蔽时,可去掉下部老黄叶(应注意保留叶柄),保留上部 8～10 片新叶。整个开花结果期,应注意及时疏除植株上的化瓜、畸形瓜。若采用激素点花,还应摘除植株上的雄花。生长旺盛的植株上,单株选留 3 个瓜;长势偏弱的单株留 1 个瓜,疏除多余的幼瓜,以保证养分集中供应。

吊蔓时,每行上面扯一道南北向铁丝,铁丝尽量不与拱架连结。每一株瓜秧用一根绳,绳下端用木桩固定到地面上。随蔓生长,使绳和蔓互相缠绕在一起。茎蔓过长较高时,可通过放绳沉蔓的办法降低高度。

②植株更新。主蔓老化或生长不良时,可在打顶后选留 1～2 个侧枝,侧枝出现雌花后,将原来主蔓剪去,换用侧蔓代替主蔓。

③人工辅助授粉。西葫芦一般不能单性结实,在冬季和早春,大棚内基本没有传粉昆虫,必须进行人工授粉。一般在上午 8～11 时进行。另外,在冬季雄花较少,温度低时花粉少,需要利用激素处理防止落花落果。田间雄花充足时,可以进行人工雄花授粉。雄花不足时可采用浓度为 20～30 毫克/千克的 2,4－D 中加入 0.1%～0.2%的 50%速克灵人工点花。点涂部位为幼瓜的瓜蒂周缘及花柱与花瓣的基部间。注意涂抹要均匀,且忌浓度过大或过小。

5. 采收

西葫芦以采收嫩瓜为主,在适当条件下,谢花后 10～12 天根瓜开至 250 克左右及时采收。采收时间以早上揭帘后为宜。采摘时注意轻摘轻放,避免损伤嫩皮(图 3-4)。采摘后逐个用纸或膜袋包装,及时上市销售。

图 3-4 西葫芦嫩瓜产品

(三)苦瓜无公害栽培技术

苦瓜,别名癞瓜、凉瓜、锦荔枝,葫芦科苦瓜属一年生蔓性草本植物。原产于东印度热带地区,北方地区以前栽培的苦瓜多为小型苦瓜,且不是以果肉为食,而是食用老熟果肉的红色瓜瓤。近几年随着经济的发展和人民生活水平的提高,苦瓜在北方地区的栽培面积逐渐扩大,并且消费市场已从高档宾馆、餐厅转移到寻常百姓家。

1. 苦瓜无公害栽培茬口安排

苦瓜多采用露地栽培,栽培季节依不同地区气候而定。华南、西南地区,春、夏、秋均可播种,除冬季外,可周年供应。北方地区,早春及秋末气候较为冷凉,一般 3 月末至 4 月初在设施内育苗,终霜后定植于露地,6～9 月收获。有条件的可进行设施栽培,温室育苗提早至 2 月下旬育苗,3 月下旬或 4 月上旬在大棚温室内定植,利用地膜覆盖和小拱棚栽培,可提早至 5 月份上市。

2. 苦瓜无公害栽培的品种选择

选用优质、高产、抗病、抗虫、抗逆性强、适应性广、商品性好的苦瓜品种,果实浓绿色或绿色的苦味较重,长江以南栽培较多。果实呈纺锤形的品种有广东槟城苦瓜、广西西津苦瓜、福建莆田苦瓜、上海青皮苦瓜等;果实呈短圆锥形的品种有大顶苦瓜、小苦瓜等;果实呈长圆锥形的有江门苦瓜、海参苦瓜等;果实浅绿或白色,苦味稍淡的,主要分布在长江以北,如湖南蓝山大白苦瓜、长白苦瓜等。

日光温室冬春茬苦瓜的播种至坐果初期处于低温弱光季节,

因此,在品种选择上宜选用前期耐低温性较强的早熟品种,如台湾农友种苗公司的秀华、翠秀、月华等一代杂种,或地方优良品种如广西1号大肉苦瓜、广西2号大肉苦瓜、大顶苦瓜、成都大白苦瓜、蓝山大白苦瓜等。

3. 育苗

(1)种子处理

苦瓜种子种皮坚硬,因此要进行浸种催芽,其方法是:将种子晾晒后,放在60℃左右的温水中浸泡20分钟,不断搅拌,待水温降到30℃时,继续浸种12～15小时,浸泡过程中适当搅拌;浸种搓洗后捞出冲洗干净放在35℃的高温条件下进行保湿催芽,催芽期间用和催芽温度相当的温水每6～8小时冲洗一次,一般3天即可发芽。当80%的种子露白时,即可播种。

(2)苗床处理和营养钵土壤要求

按每平方米苗床用15～30千克药土作床面消毒。方法:用8～10克50%多菌灵与50%福美双等量混合剂,与15～30千克营养土或细土混合均匀撒于床面。

营养土要求pH值为5.5～7.5,有机质2.5～3克/千克,有效磷20～40毫克/千克,速效钾100～140毫克/千克,碱解氮120～150毫克/千克,养分全面,孔隙度约60%,土壤疏松,保肥保水性能良好。将配制好的营养土均匀铺于播种床上,厚度10厘米。

(3)播种

将催芽后的种子均匀撒播于苗床(盘)中,或点播于营养钵中,播后用药土盖种防治苗床病害。

(4)苗期管理

①温度。苗期温度主要靠农膜和遮阳网调节。烈日高温用遮阳网覆盖降温;遇低温用小拱棚覆盖农膜加温;出土前控制日温在30～35℃,夜温在20～25℃;出苗后控制日温在20～25℃,夜温在15～20℃;定植前5～7天控制日温在20～23℃,夜温在15～18℃。

②光照。露地栽培苗床处于向阳地方,靠自然光照进行光合作用,若阳光过于强烈,可适当用遮阳网覆盖。

③水肥管理。苗期水分保持润湿即可。一般天气每天下午浇水一次,干旱或大风时可早晚每天浇 2 次,阴雨天注意用农膜覆盖防雨。

苗期施肥不宜次数过多、浓度过高,一般施薄肥 1～2 次。可用 0.5% 氮、磷、钾三元复合肥水浇施。

4. 定植技术

(1)地块选择

应选择 3 年以上未种植过葫芦科作物的地块,有条件的地方采用水旱轮作。

(2)整地施肥

基肥要施足,每亩施腐熟农家肥 1 500 千克、过磷酸钙 30 千克。畦宽 120 厘米,沟宽 50 厘米,畦高要求 25～30 厘米。在畦中间开约 20 厘米的沟深施。

(3)定植适期确定

10 厘米最低土温稳定在 15℃ 以上为定植适期,此时也是春夏露地直播苦瓜的播种适期。春提早栽培,终霜前 30 天左右定植,初夏上市;秋延后栽培,夏末初秋定植,9 月底 10 月初上市;春夏栽培,晚霜结束后定植,夏季上市。冬春茬栽培的定植期在 10 月中下旬至 11 月上旬。

(4)定植密度

保护地栽培的行距 80 厘米,株距 35～40 厘米,每亩保苗 2 000～2 300 株。露地栽培的行距 80 厘米,株距 35～45 厘米,每亩保苗 1 600～2 300 株。

(5)定植技术

选晴暖天气定植。定植方法可参照冬春茬黄瓜,应注意苦瓜苗不能栽得过深,以防造成沤根。定植后覆地膜。

5. 定植后的管理

(1)温光调节

缓苗前气温保持在 28℃,一般 5～8 天后可见到心叶见长,而且出现新根,则证明缓苗成功。这时应适当降温,并适当放风降温。缓苗后,温度白天控制在 23～28℃,夜间 13～18℃;最低不可低于 12℃。棚室栽培 12 月至翌年 1 月,是温室内温光条件最差的时期,应采取一切措施增温补光。要求日温保持 25℃左右,夜温 15℃左右,最低温度不能低于 12℃。2 月份以后,外界气温逐渐升高,白天应增加通风量,防止温度过高。一般达到 33℃放风,日温控制在 30℃左右,夜温控制在 15～20℃。当外界温度稳定在 15℃以上时,可去掉塑料薄膜和草苫,转入露地栽培。

(2)水肥管理

抽蔓后结合培土施第一次重肥,每亩用腐熟的农家肥 500～1 000 千克,饼肥 30 千克,三元复合肥 20 千克,混匀后施入栽培沟中;结果盛期施第二次重肥,每亩施三元复合肥 20 千克,氯化钾 10 千克,尿素 5～10 千克;结果后期适当补肥 3～4 次,每亩施三元复合肥 10 千克。对于地膜覆盖栽培,前期不宜根部追肥,以重施基肥为主。抽蔓后以叶面追肥为主,主要采用生物有机肥。结瓜期由于需肥量大,应采取根部破膜追肥的方法,一般每隔 6～8 天随灌水追肥,每亩追三元复合肥 10 千克,钾肥和尿素各 5 千克。苦瓜结果期需供给充足水分,但又忌湿度过大引起病害,故以小水勤浇最好,若沟灌宜浅水为宜,并随灌随排,雨天注意及时排除渍水。

(3)植株调整

利用宽行棚架栽培时,在宽行间用铁丝或细竹竿搭一个略朝南倾斜的水平棚架,根据温室条件,架高 2.0～2.5 米,利用吊绳引蔓上架。温室北端的植株主蔓 1.5 米以下的侧蔓全部去除,温室南端的植株主蔓 0.6 米以下的侧蔓全部去掉。其上留 2～3 个健壮的侧蔓与主蔓一起上架。以后再发生的侧蔓,如有瓜即在瓜前留 2 片叶摘心,无瓜则去除。

利用窄行竖架栽培时,每株仅保留 1 条主蔓,引蔓上架,只用主蔓结瓜,其余侧枝全部去掉。随着苦瓜的采收和茎蔓的生长,去掉下部的老叶,把老蔓落在地膜上。生长中期,侧蔓有瓜时,可留侧蔓结瓜,并在瓜前留 2 片叶摘心。缠蔓的同时要掐去卷须,同时注意调整蔓的位置和走向,及时剪除细弱或过密的衰老枝蔓,尽量减少互相遮阴。

（4）人工授粉

造成苦瓜间歇性结瓜的症状是落花和化瓜。落花的主要原因是未授粉或授粉不良，因此，必须坚持在开花结瓜期内每天 7～8 时进行人工授粉，方法是摘取当日清晨开放的雄花，去掉花冠，将雄蕊散出的花粉涂抹在雌蕊的柱头上。苦瓜设施栽培时更需人工辅助授粉才能提高坐果率。

6. 苦瓜的采收

苦瓜以嫩果供食，一般花后 12～15 天即可采收。采收的标准为果实上的条状或瘤状突起比较饱满，瘤沟变浅，尖端变平滑，皮色由暗绿变为鲜绿并有光泽。采收后的苦瓜如不及时销售，应置于低温下保存，否则易后熟变黄开裂，失去食用价值。采收的工具应该清洁卫生。

二、茄果类蔬菜无公害栽培技术

茄果类蔬菜是指茄科以浆果作为食用部分的蔬菜作物，包括番茄、茄子和辣椒等。茄果类是我国蔬菜栽培中最重要的果菜类之一，其果实营养丰富，适于加工，具有较高的食用价值。加之适应性较强，全国各地普遍栽培，具有较高的经济价值。因此，茄果类蔬菜在农业栽培和人民生活中占有重要地位。

（一）番茄无公害栽培技术

番茄又名番茄，属茄科番茄属中以成熟多汁浆果为产品的草本植物。起源于南美洲的秘鲁、厄瓜多尔和玻利维亚。果实成熟后鲜红色，酸甜可口、营养丰富，具有特殊风味，可以生食、熟食、加工整果贮藏或制成番茄酱、汁。近些年菜农应用了拱棚、改良阳畦、春用型塑料大棚和冬暖型（亦称日光温室）塑料大棚等多种保护栽培方式，实施了早春茬、夏茬、秋延茬、越冬茬栽培，实现了周年大量鲜果上市，增加了淡季供应量，而且显著增加了经济效益。

1. 番茄无公害栽培茬口安排

番茄栽培分为露地栽培和设施栽培。在露地栽培中，除育苗期外,整个生长期必须安排在无霜期内,根据其生长时期,又可分为露地春番茄和露地秋番茄。春番茄需在设施内育苗,晚霜后定植于露地;秋番茄一般在夏季育苗,为减轻病毒病的发生,苗期需遮阴避雨;南方部分地区利用高山、海滨等特殊的地形、地貌进行番茄的越夏栽培;北方无霜期较短的地区,夏季温度较低,多为一年一茬。

日光温室栽培番茄安排在自然界气温偏低的秋、冬、春三季进行。华北地区,从7月开始翌年6月都可以安排日光温室栽培。

一般根据播种和定植时间,茬口可分为秋冬茬、越冬茬和冬春茬。

秋冬茬一般是7月中下旬到8月上中旬播种育苗,8月中下旬到9月上旬定植。9月中下旬到10月初扣膜,11月下旬到翌年2月初采收。

冬春茬于11月上旬至12月上旬播种,翌年1月中下旬到2月上旬定植,3月上中旬到6月分收摘。

越冬茬属于一大茬栽培。一般是9月中下旬到10月上旬育苗,11月份定植,翌年1月开始收。

2. 番茄无公害栽培的品种选择

露地栽培可以选择红粉冠军、浙杂203、苏粉9号、佳粉等抗病性强、丰产性强、品质优的品种。设施栽培主要选择中杂4号、中蔬5号、佳粉10号、双抗2号、特洛皮克、沈粉1号、杨州红、冀番2号、扬州24号等中熟品种或苏抗7号、中蔬4号、园红、瑞光、瑞荣、佳红、满丝、强辉、格利克斯等中晚熟品种或弗洛雷德、农大23、苹果青等晚熟高产品种,以适应高产栽培结果期较长的需要,还可选用自封顶生长类型耐低温性强前期产量高的中熟、中早熟、早熟品种如中丰、东农702、东农704、丽春、早粉2号、早丰、北京早红、奇果、罗马畏弗、青早红等,以适应早春采收量高的需要。最近几年选育的浙粉202和浙杂203发展较为迅速。各茬栽培适用的品种不一样,应依茬次而有侧重地选用。

3. 育苗技术

(1)播种技术

①播种时间。露地栽培我国北方多数地区在2月下旬到3月

上旬播种。设施栽培秋冬茬一般在 7 月下旬到 8 月上旬均可播种，苗龄 30 天左右。

②种子消毒。有温汤(热水)浸种和药剂消毒两种方法。

温汤(热水)浸种先将种子于凉水中浸 10 分钟，捞出后于 50℃水中不断搅动，随时补充热水使水温稳定保持 50～52℃，时间 15～30 分钟。将种子捞出放入凉水中散去余热，然后浸泡 4～5 小时。

药剂消毒有：磷酸三钠浸种，将种子先浸在凉水中 4～5 小时，捞出后放入 10%的磷酸三钠溶液中浸泡 20～30 分钟，捞出用清水冲洗干净，主要预防病毒病；福尔马林浸种，将浸在凉水中 4～5 小时的种子，放入 1%的福尔马林溶液中浸泡 15～20 分钟，捞出用湿纱布包好，放入密闭容器中闷 2～3 小时，然后取出种子反复用清水冲洗干净，主要预防早疫病；高锰酸钾处理，用 40℃温水浸泡 3～4 小时，放入 1%高锰酸钾溶液中浸泡 10～15 分钟，捞出用清水冲洗干净，随后进行催芽发种，可减轻溃疡病及花叶病的危害。

③催芽。栽培中催芽温度以开始时 25～28℃，后期 22℃为宜。目前栽培上常采用两种方法进行催芽。

瓦盆火炉催芽　将浸种消毒后的种子用粗布包好，放入瓦盆，上盖 1～2 层湿麻袋片，然后放到火炉边或温室内温度为 25～30℃的地方。

贴身催芽　将浸种消毒后的种子用粗布包好，外包塑料布隔湿，放入贴身内衣口袋里催芽。

在催芽过程中每天把种子翻动和用清水淘洗 1～2 次。番茄种子用 25℃催芽的效果比较好。当大部分种子"破嘴"，即露出胚芽时，就可以播种。

④土壤消毒与做畦。土壤消毒有高温消毒和药物消毒等多种方法。是把大棚建好后即可施入有机肥料。在 8～9 月份盖好塑料无滴薄膜，将整个大棚密闭，高温(60℃以上)闷棚 7～8 天；是将 1～2 千克多菌灵粉与 50 千克湿润细土拌匀，在匀撒基肥的同时，匀撒药土，同时用辛硫磷对水喷雾，然后进行深翻，既灭菌又灭地

下害虫。辛硫磷易光解,可边翻边喷,不可一次喷完,以每亩用药0.5千克左右为宜。

苗床土壤消毒也很重要,要注意:比大田用药量适当增加;在配制营养土时就要投入药物拌匀。排除病菌早期危害,以利于培育无病壮苗。有条件的也可采用以色列溴甲烷土壤消毒技术。选择苗床要求地势高,排水方便,精细整地,做成小高畦。

⑤播种。播种前苗床浇足水,水渗入后按株行距10~12厘米点播,播种后覆土1厘米厚,2片真叶展开后间苗,每穴留1株,苗期浇水要勤,宜在早晚进行。

(2)培育壮苗

适龄壮苗标准:根系发育良好,侧根多呈白色;茎粗节短;叶深绿带紫色,茸毛多;有9~10片叶;第一花序现蕾。苗龄一般是50~60天,加上移植和炼苗所需时间共60~70天。

①掌握好适宜的温湿度,防止幼苗徒长。幼苗徒长主要是弱光、高温、水分过大等因素造成。起垄育苗后,水分得到了一定的控制,但高温和弱光切不可避免,这就需要经常观察温度和尽可能的增加光照。出苗时的温度应控制在25~30℃,幼苗70%出土后去掉地膜进行放风,床温可维持在20~25℃,幼苗子叶伸展后床温15~20℃,1~2片真叶后白天25~30℃、夜间15~20℃,维持15~20天,并在1片真叶后间苗,株距3~4厘米。

②适时分苗。一般进行一次分苗,方法是在幼苗2~3片真叶后进行分苗。行距10~13厘米,株距10厘米,分苗时用泥匙在已做好的苗床顶端开沟,开沟要浅并垂直,用水瓢浇小水,水渗后埋土,保持原来深度,要注意苗子茎叶干净,不要沾染泥水。种植毛粉802时,对于无茸毛株要单独分一苗床,不可混合分苗。分苗后,根据天气搭好拱棚架,上扣塑料膜,使其床温在30~35℃,地温在20℃以上,以利于缓苗生长。如果采用两次分苗,第一次播后20~25天,幼苗1~2片真叶时进行分苗,行距10厘米,株距4~5厘米,第二次相隔1个月,幼苗4~5片真叶时分第二次苗,株距10厘米。

4. 定植

(1)整地施肥

亩施优质农家肥 5 000 千克以上,过磷酸钙 70～100 千克,碳酸氢铵 20～25 千克。地面铺施后人工深翻 2 遍,使粪肥与土充分混匀,然后耙平。地面喷施恩肥,每亩 70～100 毫升,对水均匀喷布地面。浅锄 10 厘米左右,而后按 60 厘米的行距起南北行垄,垄高 15～20 厘米。

(2)定植

北方地区露地栽培定植期在 5 月上旬至下旬。定植深度以土坨与地面相平为宜。

秋冬茬于 8 月上中旬育苗,9 月上中旬定植。定植选在阴雨天或傍晚时进行。垄上平均株距 23 厘米开穴定植,亩栽植 3 500 株左右。随定植随穴浇稳苗水。全室栽完后顺沟浇定植水,水量宜大,尽量把垄湿润。

冬春茬定植 1 月中下旬当温室内 10 厘米地温稳定在 10℃以上时定植。定植按行距 55～60 厘米,株距 22～28 厘米。每亩 4 500～5 000 株。选晴天上午进行,按株距把苗子放入沟内,少量埋土稳住苗坨,随后顺沟浇定植水,水后覆土封垄,以埋平土坨为适宜。

5. 定植后的管理

(1)温度、湿度管理

番茄的无公害栽培的温湿度管理主要是针对设施栽培而言的,露地栽培只需要安排好合适的株行距,控制好密度就可以了。现在重点介绍秋冬茬和冬春茬的温湿度调控。

①秋冬茬

定植初期,为促进缓苗,不放风,保持高温环境,白天控温 25～30℃,夜间保持 15～17℃,空气相对湿度 60%～80%。缓苗后开始放风排湿降温,白天湿度 20～25℃,夜间 12～15℃,空气相对湿度不超过 60%,放风时,开始时要小,以后逐渐加大风量。控温以放顶风为主。进入结果期,白天控温为 20～25℃,超过 25℃放风,夜间保持 15～17℃,空气湿度不超过 60%,每次浇水后及时放风排湿。当外界气温稳定在 10℃ 以上时,可昼夜通风。当外界气温稳定在 15℃ 以上时,可逐渐撤去棚膜。

结果前期主要是降温防雨。定植后注意通风,并在棚膜上加遮阴覆盖物,(夜间揭开)白天控制温 30℃ 以下,夜间不超过 20℃。土壤湿度保持见干风湿。生育后期(结果后),以保温防寒为主,随温度缩小放风口,缩短放风时间,白天控温 25℃,夜间不低于 15℃,外界温度降到 15℃ 以下时,夜间停止放风。当外界出现霜冻室内温度低于 10℃ 时盖上草苫,进入 12 月份加盖纸被。

②冬春茬

从定植到坐果前温度管理。缓苗期气温白天 25～30℃,夜间 15～18℃。缓苗后温室气温白天控制在 23～25℃,最高不超过 30℃,夜间 13～15℃,短时间最低温度不低于 8℃,当白天室温超过 30℃ 开始放风。从坐果到采收期白天温度控制在 25～28℃,最高不超过 32℃,夜间 15～18℃;空气相对湿度 50%～60%。防止出现高温高湿,土壤切忌忽干忽湿。从采收开始到拉秧这段时期,温室内气温白天控制在 20～25℃,不超过 28℃。

(2)水肥管理

露地栽培的追肥与灌水主要在第一穗果长到核桃大小,第二花序已经坐果时进行第一次追肥。第二次追肥在第三穗果坐果后进行。第三次追肥在第四穗果坐果后进行。每次施肥要合理灌水。设施栽培的秋冬茬,第一花序上的果长至鸡蛋黄大小时,进行第一次追肥浇水,一般亩用硝酸铵 20～25 千克,顺水冲入膜下沟内;进入盛果期,要集中连续追 2～3 次肥,并及时浇水,而且浇水要均匀,忌忽大忽小,随室外气温升高,每周浇一次水。冬春茬在定植 3～5 天根据土壤墒情和天气情况,可浇一次缓苗水,然后蹲苗 10～15 天;当第 1 穗果的第 1 个果开始膨大,直径达到 3 厘米左右时,进行第 1 次浇水追肥,亩施腐熟人粪尿 2 000 千克左右,或尿素 25 千克左右,以后每隔 7～10 天浇一次水;在第 2 穗果和第 3 穗果膨大时,分别进行第 2 次和第 3 次追肥,一般亩追尿素 15～20 千克或硫酸铵 20～25 千克。到采收后期根据植株生长情况,可追施一次速效肥,延缓植株衰老。

(3)防止落花落果

①蘸花。当果穗中有 2～3 朵小花开放时,在上午 9～10 时,用 25～31 毫克/千克防落素或番茄丰产剂 2 号 50～70 倍溶液喷布花序的背面,或用 10～20 毫克/千克的 2,4—D 涂抹花朵的离层部位。

当日光温室内已定植的番茄第一花序开花时,要适时采取用 2,4—D 钠盐、番茄灵、番茄灵丰产剂Ⅱ号等一些植物生长调节剂蘸花等保花保果措施。蘸花时应注意以下四点:要选择正规厂家栽培的药剂;要严格按照使用说明上指定的浓度使用,浓度不能过高,防落素的使用浓度一般为 20～40 毫克/千克,浓度太低作用不显著,过高易出现畸形果、空洞果。浓度还应随外界温度的变化而变化,一般来说,高温时取浓度低限,低温时取浓度高限;要掌握好蘸花时期,蘸花以花顶见黄、未完全开放或花呈喇叭口状时最好。但一般认为,从开花前 3 天到开花后 2 天内使用均有效果,过早施用易引起烂花,过晚至花呈灯笼状时则不起作用。通常在晴天下午蘸花较好,早晨蘸花由于花柄表面结露而使药液浓度发生变化,易发生药害。阴雨天最好不蘸花,因为阴雨天时,气温低、光照弱,药液在植物体内运转慢、吸收也慢,易出现药害;方法要得当,防止将药液喷到嫩叶或生长点上,否则会使叶片变成条形。一旦发生药害,应加强肥水供应,可使药害适当减轻。为避免重复蘸花,最好在药液中加入一点色素作为标记。

(4)植株调整技术

①整枝。整枝时可进行单干整枝法、双干整枝法、改良式单干整枝法、连续摘心换头整枝法、倒"U"形整枝法等方式进行整枝。

单干整枝法。单干整枝法是目前番茄栽培上普遍采用的一种整枝方法。(图 3-5)进行单干整枝时每株只留一个主干,把所有侧枝都陆续摘除,主干也留一定果穗数摘心。打杈时一般应留 1～3

片叶,不宜从基部掰掉,以防损伤主干。留叶打杈可以增加营养面积,促进植株生长发育,特别是可促进杈附近的果实生长发育。摘心时一般在最后一穗果的上部留2～3片叶,否则这一果穗的生长发育将会受到很大影响,甚至落花落果或发育不良,产量、质量明显下降。单干整枝法具有适宜密植栽培、早熟性好、技术简单等优点,缺点是用苗量较大,提高了成本,且植株易早衰,总产量不高。

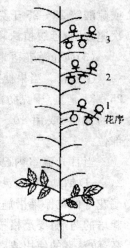

图3-5 番茄单干整枝

双干整枝法。双干整枝法是在单干整枝法的基础上,除留主干外再选留一个侧枝作为第二主干结果枝。一般应留第一花序下的第一侧枝,因为根据营养运输由"源"到"库"的原则和营养同侧运输原理,这个主枝比较健壮,生长发育快,很快就可以与第一主干平行生长、发育。双干整枝法的管理分别与单干整枝法的管理相同。双干整枝可节省种子和育苗费用,植株生长期长,长势旺,结果期长,产量高,其缺点是早期产量低且早熟性差。

改良式单干整枝法。在主干进行单干整枝的同时,保留第一花序下的第一侧枝,待其结1～2穗果后留2～3片叶摘心。改良式单干整枝法兼有单干整枝法和双干整枝法的优点,栽培上值得推广。

连续摘心换头整枝法。当主干第二花序开花后,基部留2～3片叶摘心。主干就叫第一结果枝,保留第一结果枝第一花序下的第一侧枝做第二结果枝。第二结果枝第二花序开花后,在其上留2～3片叶进行摘心,再留第二结果枝上第一花序下的第一侧枝做第三结果枝,依此类推。每株番茄可留4～5个甚至更多的结果枝。对于樱桃番茄等小果型品种,也可采用三穗摘心换头整枝法,但应用这种整枝法要求肥水充足,以防植株早衰。

倒"U"形整枝法。结合搭弓形架,先将番茄进行单干整枝管理,然后绑到架上,弓形架最高点与番茄第三穗果高度基本一致。这样,番茄植株上部开花结果时,上部花穗因为弓形架高度的降低而降低,从而改善了它的营养状况,提高了上部果穗的产量、质量。采用这种整枝方法要经常去老叶、病叶,以防植株郁闭,影响通风透光。

②打杈。打杈的操作不可过早或过迟,因为植株地上部和地下部的生长有一定的相关性,过早的摘除腋芽,会影响根系的生长。一般掌握在侧芽长到6～7厘米时摘除较为合适,并要在晴天进行,以利于伤口愈合。

③摘心与摘叶。摘心:番茄植株生长到一定高度,结一定果穗后就要把生长点掐去,称做摘心。有限生长类型番茄品种可以不摘心。一般早熟品种、早熟栽培、单干整枝时,留2～3穗果实摘心;晚熟品种、大架栽培、单干整枝时,留4～5穗果实摘心。为防止上层果实直接暴晒在阳光下引起日灼病,摘心时应将果穗上方的2片叶保留,遮盖果实。为防止番茄病毒的人为传播,在田间作业的前1天,应有专人将田间病株拔净,带到田外烧毁或深埋。作业时一旦双手接触了病株,应立即用消毒水或肥皂水清洗,然后再进行操作。摘叶:结果中后期植株底部的叶片衰老变黄,说明已失去生长功能需摘去。摘叶能改善株丛间通风透光条件,提高植株的光合作用强度,但摘叶不宜过早和过多。

④保花、疏花及疏果。如遇灾害性天气,花蕾形成较少时可进行保花措施,用2,4-D、防落酸、番茄丰产剂2号等药剂处理番茄花蕾,施用浓度是2,4-D为10～15毫克/千克。如坐果过多为使番茄坐果整齐、生长速度均匀,可适当进行疏花、疏果。第1花序果实长到鸡蛋黄大小时,每株留3～4个果穗,每穗留4～5个大小相近、果形好的果实,疏去小果和畸形果,可以显著提高商品质量和产量。

⑤搭架与绑蔓。除少数直立型品种及罐藏加工的番茄采用无支柱栽培外,栽培的番茄大部分是蔓生性,其直立性差,若不搭架,植株会匍匐地面,容易感染病害。搭架后,叶面受光好,同化作用

强,制造养分多,花芽发育好,番茄产量高、质量好。因此,当植株长到约 30 厘米高时,应及时支架,并将主茎绑缚在支架上。支架用的材料可就地取材。支架的形式主要有 4 种,即单杆架、人字架、四角架和篱形架。插架一般在第 2 次中耕后进行,随着植株的生长将茎逐渐绑在支架上。绑蔓时,注意不要碰伤茎叶和花果,将果穗绑在支架内侧,避免损伤果实和发生日灼病。一般是每 1 果穗绑 1 道,绑在果穗的上部叶片之间。

也可以采用吊蔓法(图3-6),吊蔓时,每行上面扯一道南北向铁丝,铁丝尽量不与拱架连结。每一株植株用一根绳,绳下端用木桩固定到面上。随蔓生长,使绳和蔓互相缠绕在一起。茎蔓过长较高时,可通过放绳沉蔓的办法降低高度。

图 3-6 日光温室番茄吊蔓栽培

⑥光照。盛果期要保持充足的光照,采取合理密植、科学整枝、摘叶、支吊蔓,经常揩擦塑料薄膜,对草帘要早拉晚盖等措施,创造一个比较好的光照条件。尽可能多增加光照,促使果实正常着色。当第 1 穗果着色后,可摘除果穗下部的黄、老、病叶,以减少养分消耗和病害。

(5)乙烯利催熟技术

为了减轻果实自然成熟对植株体养分的消耗,争取早上市,可用乙烯利对进入白熟期的果实进行处理。

①棵上催熟:500～1 000 毫克/千克乙烯利剂喷果处理(不得喷到叶片上);或用 2 000 毫克/千克涂抹果柄、果蒂或果面上,4 天后可以大量变红;

②摘果催熟:把白熟期的果实采下后,在 2 000～3 000 毫克/千克乙烯利的溶液中浸泡 1～2 分钟后取出,放在 22～25℃ 的地方,要适当通风,经 4～6 天,随即可全部转红。

6. 采收

作为商品果,当果实顶部着色达到果面的 1/4 左右时进行采收,前期果实适当早收,以利于茎上部果实发育。当果基全部着色,虽然存有绿果肩,果实仍然坚硬,果实具有本品种的色泽,是食用的最佳时期。不外运,可以变色期采收,就近上市;长途外运或贮藏,则在白果期采收。

(二)青椒无公害栽培技术

青椒,别名番椒、海椒等,是茄科辣椒属中能结甜味浆果的一个亚种,做一年生草本植物栽培。原产于中南美洲的热带地区,是世界上主要的蔬菜种类之一。青椒栽培最普遍的是长角椒和甜柿椒,其果实老嫩皆宜食用,市场上嫩果称青椒,红熟果称红辣椒。青椒主要菜用,一般为甜椒或辣味轻的品种。红辣椒主要供加工干制或磨粉榨油用,都是辣味强的品种。现在全国各地普遍栽培,成为一种大众化蔬菜,其产量高,生长期长,从夏到初霜来临之前都可采收,是我国北方地区夏、秋淡季的主要蔬菜之一。

1. 青椒无公害栽培茬口安排

露地栽培以早春茬为主,早春育苗,露地定植。

设施栽培以日光温室栽培青椒,秋、冬、春季均可进行。按照茬口不同,一般可分为秋冬茬、冬春茬和越冬茬(图3-7)。

图3-7　青椒的温室栽培

秋冬茬一般8月上旬育苗,苗龄30~40天,9月上中旬定植,定植后40~50天,11月初始收,翌年1月中旬至2月初结束。

冬春茬一般在10月中旬至11月初育苗,苗龄80~100天,翌年1月到2月初定植,3月上中旬始收,6月底7月初结束。

越冬茬9月上旬育苗,苗龄40~50天,10月中下旬定植,定植后40~50天始收,第二年6月至7月中旬结束。

2. 青椒无公害栽培品种的选择

作为青椒栽培不论甜椒或辣椒都要选开花结果早,低温坐果

率高、果形端正、美观,颜色浓绿的品种。无公害栽培青椒,宜先用
抗寒、耐热、抗病、肉厚色浓,适于密植不徒长的品种。如郑椒先锋
非常适合于露地栽培,果实长羊角形,果形直,果面光滑,辣味适
中,果肉较厚,耐储运,抗病毒病,耐疫病,耐热。全国著名甜味品
种有上海茄门甜椒、吉林三道筋。抗、耐青椒病毒病的品种有:洛
椒系列、湘研系列、中椒4号以及以色列的麦加玛、玛奥、利昂等。

3. 育苗

青椒苗定植前要达到:早熟种7~8片叶,晚熟种14~15片叶。
根系发达,茎秆壮,叶色深绿,叶肉肥厚;无病虫害,体内养分积累
多,90%以上植株现蕾。

(1)床土准备。床土经日光或药物消毒,将腐熟有机肥150~
200千克,氮、磷、钾复合肥1千克,掺匀,覆于冷床或温床上,耙平。

(2)种子处理。播种浸种前先晒种2~3天,然后用55℃温水
浸烫并搅拌,温度降到30~40℃时浸种8~12小时,沥干,用湿布
包裹催芽。前两天保持30℃,后两天保持25℃,4~5天后出芽率
达60%~70%即可播种。或放入1%的硫酸铜溶液(或1 000倍的
高锰酸钾溶液)中浸10~15分钟进行种子消毒,再放入清水中浸
8~10小时,捞出后沥去多余水分,用湿纱布包好放在25~30℃的
环境中进行催芽,种子露白后即可播种。播种当日浇足底水,待床
土稍干,均匀撒播,并覆0.5厘米厚营养土,加盖薄膜。次日再覆
土0.5厘米厚,以后再覆土1~2次。营养钵育苗的,每钵播种1~
2粒,播后覆盖细土0.5~1厘米厚,搭好棚架保温促出苗。

(3)加强苗床管理,重点抓好温度调节。出苗前,白天要保持
床温25~30℃,夜间12~15℃,高温高湿促进出苗,齐苗后,床温要
控制在白天20~25℃,夜间14~18℃,防止产生高脚苗;撒播育苗
的,在幼苗2叶1心期要及时进行假植,假植前5~7天要适当进行
低温炼苗,床温白天控制在20~22℃,夜间12~15℃,以缩短假植
后的缓苗期;要挖好苗床四周排水沟系,防止苗床积水造成渍害,
促进幼苗健壮生长。初期做好保温防冻,促进早出苗、出齐苗;中
期合理调节温湿度,防止烧苗、闪苗;后期加强幼苗锻炼,防止徒

长,提高幼苗适应性和抗逆性。间苗要在无风晴天中午进行。薄膜要随时盖上,放风口由小逐渐加大,防止温度急剧变化造成闪苗。定植前 15 天开始炼苗,5~7 天后全天揭膜进行适应性锻炼。苗床土表干燥时可在中午喷一点温水。苗发黄可喷 0.4% 尿素水。

(4)分苗及分苗后管理。一般于 3~4 片真叶,晴天上午,土温13℃以上进行分苗。分苗后及时中耕松土,分苗穴距 10 厘米×10厘米,每穴双株,要大小一致。采取坐水分苗,注意浅栽。分苗后及时中耕松土,保持适宜温度后期加强低温锻炼。定植前一周,浇水、切坨,囤苗,随浇水施"送嫁肥"硫磺铵 1 千克/床。

(5)防治好苗期病虫害。主要是蚜虫、菌核病、灰霉病、炭疽病等,要掌握在病虫害发生初期及时用吡虫啉、速克灵、百菌清等药剂进行防治。

4. 整地施肥

依据上茬的施肥基础,亩施优质粪肥或堆肥 5 000 千克,磷酸二铵 50~100 千克,饼肥 100~200 千克。青椒可平畦栽,也可垄栽,垄栽采用南北行向。垄栽多采用大小行一穴双株的密植方法。大行距 60~66 厘米,小行距 30~33 厘米。施肥时,按垄的位置开沟,深 30 厘米以上,把底肥的一半施入沟内,在沟内深翻使肥料与底土混匀。然后填沟,整平,把剩下的一半肥料铺施地面,用锨或镢深翻两遍,使肥料与土充分混和,然后在开沟的位置起垄,垄高12~15 厘米。但须在大行间附加上一条用作人行道兼水沟边的垄。垄整好后,在小行间插上简单拱架,用一块整幅地膜盖在其上,并使膜边覆到两定植垄的垄上,各反面搭到垄外边 6~8 厘米。

5. 定植

选用带花蕾的大苗定植,定植时要求大小苗分开,一垄之上大苗在前,小苗在后摆好。按株距 30~33 厘米定植。穴栽后分株浇温水(30℃左右)。定植后浇一次水,浇两次水后即可缓苗。缓苗后顺沟浇一大水,把垄润透。定植时期,原则上地温不能低于12℃,秋冬茬一般在 9 月上中旬,冬春茬定植在冬用型温室里,温度一般能满足要求,要注意选择晴天定植,越冬茬定植时温度较高,重点注意定植苗子的规格(定植苗子的第一分枝的第一花蕾处于即将开放状态,定植后 1～2 天就能开放,苗子太小时营养生长过旺,不易坐果。

6. 定植后的管理技术

(1)温度管理

温度管理主要是针对设施栽培青椒的栽培方式而言的。

①秋冬茬:定植后缓苗阶段,盖严薄膜,白天保持棚温 25～30℃,夜间 16～18℃。缓苗至深冬前,白天温度控制在 23～27℃,夜间 15～17℃,白天棚温达 25℃时要进行通风。10 月 20 日前后盖上草苫,草苫的揭盖以温度为依据,若夜温过高,可早揭晚盖草苫;12 月下旬至 2 月上旬,注意加强保温,白天温度达 30℃时开天窗通小风,夜间棚内最低温度保持在 12℃以上;2 月中旬以后,逐渐加大通风量,晴天中午棚内气温不超过 32℃,当棚外夜温达 15℃以上时要昼夜通风。高温季节,要利用顶窗、前立窗和后窗通风。

②冬春茬:一般定植后 5～6 天内,为了促进早活棵,可以不通风或少通风,白天棚内气温维持在 30℃左右、最高不超过 35℃,夜间 15℃左右。缓苗后,要及时通风散湿,前期上午棚内气温上升到 25℃时开始放风,下午降到 25℃时闭棚,白天棚内气温掌握在 25～30℃,夜间不低于 13℃;后期上午棚内气温达到 20℃开始放风,下午降到 20℃时闭棚,保持棚内温度白天 20～25℃,夜间 15～17℃,空气相对湿度维持在 50%～60%。5 月上中旬以后,棚外最低气温 18℃以上时,昼夜通风。

(2)水肥管理

①露地栽培的苗期应蹲苗,进入结果期至盛果期,开始肥水齐攻。盛果期后旱浇涝排,保持适宜的土壤湿度。在定植 15 天后追磷肥 10 千克、尿素 5 千克。进入盛果期后管理的重点是壮秧促果,结合浇水施肥,每亩追施磷肥 20 千克、尿素 5 千克,注意排水防涝,要结合喷施叶面肥和激素,以补充养分和预防病毒病。

②设施栽培

秋冬茬:定植时浇足底水,缓苗期可不浇水。深冬季节有缺水现象时,在小行间地膜下浇水,浇水量要小,每15天左右一次。2月中旬以后,浇水次数逐渐增加,10~12天浇一次水。5月中旬以后,每7~8天浇一次水,且浇水量要充足。门椒坐住以后,结合浇水追一次肥,每亩追施尿素15千克,进入盛果期,结合浇水每隔20天追肥一次,每次每亩施用磷酸二铵15~20千克和硫酸钾10千克。结合喷药可用0.2%的磷酸二氢钾进行叶面追肥。

冬春茬:定植初期水浇的不要太大,以免降低地温,待门椒迅速膨大时,正是辣椒生长最旺时期,及时浇水追肥,每亩追复合肥30千克,进入盛果期土壤要保持经常处于湿润状态,相对湿度以70%~80%为宜,抑制病毒病的发生与发展。

秋延后(拱棚):门椒膨大前,应控制肥水。门椒采收后,根据田间长势,一般采收1~2次果实就追肥1次,每亩追施有机肥100千克,全面补充养分。栽植缓苗后根据土壤湿度浇水,但禁止大水漫灌,开花时不能大浇,如遇干旱,应在开花前或坐果后浇水,第一果坐稳后,可结合浇水追施肥料,以促进果实膨大。

（3）光照

在冬季光照比较弱,在设施内的光照更弱。在每天揭开草苫后清洁前屋面薄膜,增加透光率,在后墙处张挂反光幕,提高设施后部的光照强度。

（4）保花保果

开花时用20~30毫克/千克2,4—D溶液涂抹花柄,以防止落花落果,提高坐果率。甜椒与晚熟品种辣椒,如氮肥偏多,密度过大,特别是用地膜覆盖栽培的易徒长落花。防止措施是:①控制氮肥;②采收时适当留一部分果实以抑制茎叶生长;③早期温度低开的花可喷浓度25~30毫克/千克的防落素,注意避免喷到嫩头上;④翻动叶片,促进株间空气流通。

（5）放风管理

缓苗后开始放风。室内温度降至25~30℃以后,随着棚室外气温的升高,要不断加大放风量。如果棚内温度高、湿度大,花粉粒从花粉囊中飞散出来困难,影响授粉、受精。因此加强通风,可以有效提高坐果率。进入开花坐果期后,更要及时放侧风。

(6)植株调整技术

①抹除腋芽。为增加透光,减少养分消耗,促进果实成熟,门椒采收前,时打掉门椒以下部位的侧枝和腋芽。

②摘除老叶。生长中后期要打掉基部的老叶、病叶,以减少病害和增加地面及下部的光照。

③修剪。对枝间距短,拥挤重叠的枝条,必须疏除一部分枝条,以打开光路;对于徒长枝,坐果率低,消耗营养多应及时疏除。

(7)培土

露地栽培青椒要及时培土,定植15天后结合中耕培土高10～13厘米,进入盛果期后并再次对根部培土,以保护根系防止倒伏。

7. 采收

青椒以嫩果为产品,一般果实充分肥大,皮色转浓,果实坚实而有光泽时采收为好,早期果及病秧果应提早采收。采收前7天,不要喷杀虫剂,以保证果实洁净(图3-8)。

图3-8 青椒的采收与包装

青椒果实的发育是开始果实肥大,继而果肉肥厚,颜色由翠绿色转为深绿色,然后转为褐色,最后呈深红色。通常依成熟度不同可分为青熟期、红熟期。

青熟期 果实已充分长大,显示出本品种特性。甜椒青熟期果肉肥厚、颜色浓绿、具光泽、种子尚在发育、味脆,最适菜用。为花后20～30天。

红熟期 果实形态和果肉厚度充分长足,果肩与果脐部由茶褐色转向深红色,为花后40～50天。

(三)茄子无公害栽培技术

茄子又名落苏,为茄科茄属的一年生草本植物,在热带为多年生。起源于亚洲东南热带地区,古印度是第一驯化地,中国是第二起源地。以幼嫩果实供食用。茄子具有产量高、适应性强、供应期长的特点,是我国夏秋季的主要蔬菜,随着设施园艺的发展,茄子也是我国主要的设施蔬菜栽培种类。

1. 茄子无公害栽培茬口安排

茄子的生长期和结果期长,全年露地栽培的茬次少,北方地区多为一年一茬,早春利用设施育苗,终霜后定植,早霜来临时拉秧。长江流域茄子多在清明后定植,夏秋季节采收,由于茄子耐热性较强,夏季供应时间较长,成为许多地方填补夏秋淡季的重要蔬菜。华南无霜区,一年四季均可露地栽培。

云贵高原由于低纬度、高海拔的地形特点,无炎热夏季,适合茄子栽培季节长,许多地方可以越冬栽培。茄子设施栽培秋、冬、春季均可进行栽培。各茬的栽培历程见表3-1。

表 3-1　茄子日光温室不同茬口栽培历程表

茬次	育苗时间(旬/月)	定植期(旬/月)	日历苗龄(天)
秋冬茬	7月中、下旬	8月下旬至6月上旬	35～40
冬春茬	10月下旬至11月上旬	1月下旬至2月上旬	80～100
越冬茬	8月下旬至9月上旬	10月上、中旬	50～55

2. 茄子无公害栽培品种选择

目前无公害栽培茄子主要选用抗病、耐低温寡光、优质丰产、商品性好,适合市场需求的品种。如茄杂 2 号、兰竹长茄、丰研 2 号、天津快圆茄、北京六叶茄、西安绿茄、紫长茄子、辽茄 4 号、辽茄 5 号、新茄 5 号、鲁茄 3 号等。国外的优良品种如美国墨金、绿宝石、紫衣天使植株长势旺盛,直立性好,抗黄萎病、枯萎病,耐旱,果实大,果肉柔软,籽少,美味可口,耐贮运,果个大,品质优,丰产性能好。非常适合于无公害栽培品种要求。

茄子选择品种时,要重点考虑以下三个条件:

(1)要考虑茄子对日光温室特定环境条件的适应能力;

（2）熟型要与栽培茬次相适应，产量要高，经济效益要好；

（3）果皮颜色要与市场的要求相一致。

3. 育苗

茄子的育苗一般在温床、温室内进行。

（1）育苗土壤的处理。茄子苗龄一般需要85～90天。为防止苗期猝倒病，除注意维持适宜夜间土温外，可用"五代合剂"（五氯硝基苯及代森锌等量混合）进行土壤消毒。每平方米苗床用消毒土8～9克，与床土拌匀，用药后适当增加灌水量。床土应肥沃，不宜过干。

（2）播种。采用温床育苗。播种前用55～60℃的温水烫种，边倒边搅拌，温度下降到20℃左右时停止搅动，浸泡一昼夜捞出，搓掉种子上的黏液，用清水冲洗干净，放在25～30℃的地方催芽，催芽期间维持85%的空气湿度，30%～50%种子露白即可播种。播种时，苗床先用温水洒透，然后将种子均匀洒到床内，覆细土0.8～1厘米厚。播种后立即扣上拱棚，夜晚加盖草苫保温，出苗前白天床温保持在26～28℃，夜晚20℃左右，4～5天后出苗50%～60%；出苗后及时降温，白天25℃左右，夜晚15～17℃，阴天可稍低些。

（3）分苗。幼苗有2～3片真叶时，进行分苗。床土要肥沃，保持一定量的速效性氮肥，分苗单株保持一定量的营养面积，株行距以10厘米为宜。分苗后立即覆盖塑料拱棚，夜晚加盖草苫封严，并保持一定高温（达20～25℃）。缓苗后，通风降温，白天25℃，夜晚15℃，特别

图3-9　茄子温室培育壮苗

要注意防止晴天中午高温"烧苗"。苗床肥力不足时，结合浇水进行追肥。定植前10天通风炼苗，注意要防止冻害。壮苗标准以苗高16～23厘米，叶片5～7片，茎粗0.5～0.7厘米为宜（图3-9）。

4. 嫁接苗的培育

（1）茄子嫁接的砧木与接穗选择。砧木选用对土壤传播病害高抗或免疫品种。接穗选用紫长茄等优质抗病品种。

（2）催芽与播种。

①砧木种子催芽

直播：将种子浸泡 48 小时，苗床消毒后浇足底水，均匀播种，覆土后覆膜。昼夜温差达 10℃时，10～15 天出苗。

温箱变温处理：将种子浸泡 48 小时，装入布袋，放入恒温箱中，调节温度，30℃时 8 小时，20℃时 16 小时，反复变温处理，每天用清水清洗一次种子，8 天即可出芽。

激素处理：用每千克水加 100～200 毫克浓度的赤霉素浸泡 24 小时，放置温箱中或炕头上进行变温处理催芽，一般 4～5 天可出芽。

②砧木种子播种

先用 50% 多菌灵 500 倍液喷透苗床上，然后将催芽的砧木种子均匀播在苗床上，盖土 0.5 厘米厚，覆盖上地膜，3～5 天砧木苗出齐后揭去地膜。砧木播种要比接穗提早 20～30 天。

③接穗育苗播种

先用 50% 多菌灵 500 倍液喷透苗床上，然后将催芽的接穗种子均匀播在苗床上，盖土 0.5 厘米厚，覆盖上地膜，3～5 天接穗苗出齐后揭去地膜。接穗品种要比砧木晚播 20～30 天。

（3）分苗。当砧木和接穗真叶长到 2～3 片叶时分苗，砧木移入营养钵内，接穗移入苗床内。

（4）嫁接方法。当砧木长到 6～8 片真叶时，接穗长到 5～7 片真叶时，茎粗 3～5 毫米，木质化时是最佳嫁接时期。嫁接方法有两种：

①劈接法在砧木高 4 厘米处平切掉上部，保留 2～3 片真叶，不能过高或过矮，否则影响成活。接穗苗在半木质化处即苗茎黑紫色与绿色明显相间处去掉下端，保留 2～3 片真叶，削成楔形，大小与砧木切口相当，插入砧木切口中，对齐后用嫁接夹子固定（图 3-

10)。

②靠接法(贴接法)将砧木和接穗削成30°倾斜角贴合在一起,其他和劈接法相同如图3-11。

图3-10 劈接法

(5)嫁接后管理。把嫁接好的苗浇透水,不能用喷淋浇灌,以防伤口感染。扣上小拱棚,嫁接苗伤口愈合的适宜温度为:白天 25～26℃,夜晚 20～22℃,湿度 95％以上,嫁接后

图3-11 靠接法

前 3～4 天全部遮光,以后中午遮光,早晚放光,随着伤口愈合,逐渐撤掉覆盖物,成活后转入常规管理。利用靠接法的嫁接苗,应在伤口愈合以后,切掉接穗根茎,掐掉砧木生长点,使其形成一个嫁接苗,成活以后转入常规管理。

5. 整地施肥

选择 5 年内没种植过茄果类蔬菜地块,亩施优质农家肥 5 000 千克,磷酸二铵 50～70 千克作基肥,然后按每亩用 70～100 毫升恩肥要求,对水喷洒地面,浅翻地垄按宽窄行种植要求进行,宽行距 80 厘米,窄行距 40 厘米。除定植的垄外,在大行之间还须设置一条供行间作业行进的垄。垄高一般 15～20 厘米。

6. 定植

露地栽培一般在断霜后 3～5 天定植。适时早栽是茄子获得高产的关键。早熟种株行距为 40 厘米×50 厘米;中晚熟种株行距为 40～50 厘米×60～80 厘米。设施栽培根据茬口安排,连阴天或晴天傍晚突击进行定植,定植垄上按株距 20 厘米开穴,两行之间应互相错开,呈"品"字形。一亩地掌握 4 500～5 000 株的密度,定植时分株浇水,全田定植完毕,随栽随顺浇大水。

7. 定植后栽培管理

(1)温度调控。在茄子设施栽培时,必须处理好茄子不同生育期对温度的需求。

①温室越冬栽培:缓苗期一般不放风,白天温度控制在 25～

35℃,夜间 17～22℃。缓苗后至开花前适当降温,促进扎根壮秧,白天温度控制在 22～28℃,夜间 13～18℃。开花结果期,白天温度控制在 25～30℃(力争保持 5 小时以上),超过 32℃放风,降到 25℃闭风,使前半夜保持 15～22℃,后半夜最低不低于 12℃。开春后逐步加大放风量,防止高温危害。

②秋延后栽培:进入 9 月中旬,利用放风技术有效调解温度和湿度。开花期白天气温 26～28℃,夜温 14～16℃,要根据茄子的生物学特性,应用变温管理技术,从茄子进入采收初期开始,上午 25～32℃,下午 28～20℃,上半夜 20～13℃,下半夜 13～10℃。土壤温度 15℃以上,不低于 13℃,进入 11 月份以后,要将纸被增加到 8 层以上,提高保温性能。如有短期寒流侵袭,可在棚膜底脚内 50 厘米处,增加内防寒沟,沟宽 30～40 厘米、深 40 厘米,张挂 1 米高地膜,隔离冷空气侵入。

(2)水肥管理。露地栽培茄子苗期应控水蹲苗;生育期内一般进行 3～4 次追肥,每隔 6～7 天浇一次水。

设施栽培茄子主要做好温室越冬和秋延后栽培的温度调控。

①温室越冬栽培:浇水定植后 7 天左右,浇足缓苗水后,进行蹲苗。直到门茄"瞪眼"(露出萼片),浇第一次水;这次浇水过早或过迟,都会影响茄子枝叶和花果的正常生长,遭致减产降质。进入冬季每隔 10～15 天浇一次水。开春以后,气温回升,又正值盛果期,每隔 7～10 天浇一次水,采用明沟、暗沟交替浇灌。采取综合措施,使开花结果期棚内空气相对湿度控制在 60%～70% 的适宜范围,以减轻病害。施肥要做到及时、少量、多次,合理搭配。门茄"瞪眼"是茄子需水和追肥的临界期,应随水每亩追施尿素 10 千克,在茄子采收时,追施磷酸二铵或氮磷钾复合肥 10～15 千克,春夏季可随水追施腐熟稀薄人粪尿一次 1 000 千克左右,到中后期根据生长情况继续追肥 1～2 次。每层果谢花后,随水冲肥,亩用硝酸铵或三元复合肥 30～40 千克。叶面喷施尿素磷酸二氢钾、硼砂等维持叶片功能期,提高产量和质量。

②秋延后栽培:在果实进入膨大期之前,要适当控制水分。果

实进入膨大期以后,应保证水分供应,但不可过量,浇水要在晴天上午进行。要加强棚室内排湿,保持棚室内相对湿度维持在75%以下,可有效控制在多湿条件易发性病害发生。当茄子幼果长到鸡蛋大小时,进入膨果期,结合浇水追施全溶性膨果液体肥每亩30千克,或穴施腐熟饼肥50千克。一般在门茄收获前要培土,以防植株倒伏,结合培土每亩施磷酸二铵25千克,第二天、第三天要浇水,使其尽早恢复生长。晴天可叶面喷施磷酸二氢钾。此时应当注意:刚坐果时不宜浇水过早、过多,否则易发生僵果;畦面过干或过湿均对茄子生长发育不利,应保持土壤湿润为宜;浇过定植水即可中耕蹲苗,7~10天再浇缓苗水,蹲苗控制水肥,当门茄长到3~4厘米时,打杈和摘尖,然后才开始上水追肥。这样能加速果实的发育,也是产量成败的关键。

(3)光照。

①温室越冬栽培:结合棚温管理,草帘尽量早揭晚盖,延长光照时间;及时清洁棚膜,保持较高透光率;阴雪天气,也要适当揭帘使植株见散射光;并在墙上张挂反光膜,改善后排光照。

②秋延后栽培:使用透光率高、防尘性能好、抗老化、无滴新薄膜;及时清除薄膜上的灰尘,保持薄膜表面清洁;棚膜变松、起皱时,应及时拉平、拉紧,以增加塑料大棚内的光照。

(4)二氧化碳施肥。寒冬时晴天上午9~11时进行二氧化碳施肥,适宜浓度为600~800毫克/千克。方法是:每隔10米放置1个塑料桶或罐头瓶等耐酸的容器,容器放在高于茄子生长点的位置,将配好的稀硫酸(1.2千克浓硫酸慢慢倒入4.8升水中,边倒边搅拌配成稀硫酸),分装于各个容器中,再按3千克稀硫酸液对1千克碳酸氢铵的比例,将碳酸氢铵放入容器内,接上带小孔的塑料管,将塑料管悬挂在温室中,向温室中施放二氧化碳。

(5)植株调整。在整枝打杈前要用浓肥皂水洗手,防止操作时接触传染病毒病。当茄子株高1.3米以上时,要吊绳或插架,以防茄秧倾斜,倒折,影响产量。特别是嫁接茄子生长势强、生长期长,需及时整枝,改善通风透光状况。主要采用双秆整枝方法(图

3-12),对茄形成后,去掉两个向外的侧枝,也就是指主枝和门茄下的第一侧枝,其余侧枝全部去掉。对茄收获后,要及时吊枝,植株封行以后,为了通风透光,减少落花和下部老叶对营养物质的消耗,促进果实着色,可将下部枯黄的老叶和病叶及时摘除。

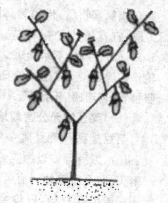

图3-12 茄子双秆整枝法

(6)保花保果。春茬茄子应用植物生长调节剂进行蘸花保果,植物生长调节剂宜选用2,4-D,使用时应加水稀释,0.5%的2,4-D每5毫升应加水250毫升。蘸花保果应在晴天上午9~11时进行。

在开花前后1~2天内,也可用40~50毫克/千克防落素喷花保果(禁用2,4-D)。注意喷时要用带手套的手隔住枝叶,以免受药害。并加入0.1%的速克灵,兼治灰霉病。

8. 采收

(1)采收标准:单果重250克左右。也就是近萼片处果皮色泽和白色环带由亮变暗,由宽变窄时采收。

(2)采收时间:选择下午或傍晚采收。上午枝条脆,易折断,中午含水量低,品质差。

(3)采收要求:最好用剪刀采收,以防止折断枝干或拉掉果柄。应在施药、浇水、追肥前集中全面采收。采收前1~2天进行农药残留检测,合格后及时采收,分级包装上市。

三、豆类蔬菜无公害栽培技术

豆类蔬菜为豆科一年生或二年生的草本植物,包括菜豆、豇豆、豌豆、蚕豆、扁豆、刀豆、四棱豆等。豆类蔬菜营养价值高,富含蛋白质、碳水化合物、脂肪、钙、磷、铁和多种维生素。嫩豆荚和嫩豆粒味道鲜美,除供鲜食外,还可制罐和干制等。

豆类蔬菜均为直根系,入土深,具根瘤,能固定空气中的游离氮合成氮素物质,供植物体营养并增加土壤肥力。但根系再生能力弱,宜直播或护根育苗。要求土壤排水和通气性良好,pH 值 5.5~6.7 为宜,不耐盐碱。忌连作,宜与非豆科作物实行 2~3 年轮作。除豌豆、蚕豆属长日照植物,喜冷凉气候外,其他均属短日照植物,喜温暖,不耐寒。

(一)菜豆的无公害栽培技术

菜豆是豆科菜豆属一年生缠绕性草本植物,又名四季豆、芸豆、玉豆、刀豆等。以嫩荚或豆粒供食用,风味清鲜,营养丰富。原产南美洲,至今该地仍有野生种。公元前在美洲已普遍种植,16 世纪末中国已有栽培,后传至日本。现广泛分布于世界各地。我国黄淮地区多采用塑料大棚进行秋延后栽培,北方地区多采用日光温室进行越冬栽培。通过日光温室栽培,菜豆鲜品在冬季上市颇受人民欢迎。加之栽培比较容易,又有利于倒茬,所以菜豆在日光温室栽培中占有一定地位。

1. 菜豆的栽培茬口安排

我国除无霜期很短的高寒地区为夏播秋收外,其余南北各地均春秋两季播种,并以春播为主。春季露地播种,多在断霜前几天,10 厘米地温稳定在 10℃时进行。长江流域春播宜在 3 月中旬至 4 月上旬,华南地区一般在 2~3 月,华北地区在 4 月中旬至 5 月上旬,东北在 4 月下旬至 5 月上旬播种,露地播种一般 2 个月以后开始产品供应。海南和云南一些地区可冬季露地栽培。菜豆一年四季均可进行栽培。在日光温室栽培中有秋冬茬、冬春茬和塑料大棚春早熟三种栽培方式。目前经济效益较好的栽培方式是秋冬茬,冬春茬栽培风险大,易受冷害,栽培难度大,效益高,需性能好的温室(图 3-13)。

图 3-13 菜豆日光温室栽培

(1)春早熟　2 月中下旬在日光温室内育苗,3 月上中旬定植,4 月中旬采收。

（2）秋冬茬 8月中旬在播种，9月中旬定植，10月下旬采收。

（3）冬春茬 10月中旬在播种，11月上中旬定植，翌年1月上旬采收。

2. 菜豆无公害栽培的品种选择

目前，菜豆无公害栽培中常用品种有矮生种和蔓生种两种类型。

（1）矮性种（有限生长型）植株矮生，株高35～60厘米，茎直立。主蔓长到5～7节后，茎生长点出现花序封顶，从主枝叶腋抽生侧枝，形成低矮株丛，有利于间、套作。生长期短、早熟，播种至采收40～60天，90天可收干豆，供应期20天，产量较低，品质较差。比较优良的品种有沙克沙、美国供给者、早丰、法国地芸豆、早生棍豆、黑法兰豆、火烧云、上海矮圆刀豆、施美娜、江苏81—6、1409、杭州春分豆等。

（2）蔓性种（无限生长型）茎生长点为叶芽，分枝少，较晚熟，每茎节叶腋可抽生侧枝或花序，播种后50～70天采收嫩荚，采收期40～50天，产量较高，品质佳，种子有黑、白及杂色。比较优良的品种有杭州洋刀豆、上海黑籽菜豆、江苏78—209、长白7号、南京白籽架豆、黑籽架豆、青架豆、广东紫花刀豆、芸丰、特嫩1号、特嫩54、碧丰、秋紫豆、双季豆、哈豆1号、哈豆2号等。

3. 育苗

（1）育苗地的选择。育苗用的床土应选用大田土，土中切忌加化肥和农家肥，否则易发生烂种。

（2）播种与种子播前处理

①种子处理 经过挑选的种子晾晒12～24小时后，用1%的福尔马林溶液浸泡20分钟。取出种子，用清水冲洗后晾干。播种前再用0.5%的硫酸铜水溶液浸种1小时，促进根瘤菌的发生。

②播种 播种时在垄上穴播，掌握前密后稀，矮生种平均穴距20厘米，蔓生种平均穴距25厘米。开穴后，穴内稍浇些水，然后撒入一点细土，每穴撒上2.5%敌百虫粉0.25克，而后点播，每穴播3～4粒（蔓生）或4～5粒（矮生），覆土3～5厘米厚。蔓生种亩播

量 3.5～4 千克,矮生种 10～12 千克。冬季播种为了增温保墒,促进出苗降低空气湿度,最好盖上地膜,出苗后再开口放苗。

(3)播后管理

①温度管理　播后地温 20℃有利于出苗,地温和气温(外温低于 15℃)不足时,应及时扣膜,扣膜后白天气温以保持 20℃为宜,超过 25℃要放风,夜间保持 15℃以上,不足时要及时加盖草苫、纸被等保温设备。幼苗出土后,适当降低温度,保持白天 20～25℃,夜间 12～15℃;定植前 5 天,逐渐加大通风,进行低温炼苗,昼温逐渐降至 15～20℃,夜温降至 10～12℃。

②间苗、定苗　出苗后第一片基生叶出现到三出复叶出现前是间、补苗适期。间去病、残、弱苗,选留生长健壮,无病虫害,子叶完整的苗子。每穴留 3 株(蔓生)或 4 株(矮生)。苗子不足时,应在苗小时及时补栽。

③施肥浇水　菜豆幼苗较耐旱,苗期一般不浇水,促进根系发育。施肥浇水应掌握“苗期少,抽蔓期控,结荚期促”的原则。具体就是幼苗出土后浇一次齐苗水,此后适当控水。3～4 片真叶时,蔓生品种结合插架浇一次抽蔓水,每亩追硝酸铵 15～20 千克或硫酸铵 25～30 千克。以后一直到开花前是蹲苗期,要控水控肥。

4. 整地定植

(1)整地施肥

应选择地势高燥,排灌方便,地下水位较低,土层深厚疏松、肥沃,3 年以上未种植过豆科作物的地块。每亩施有机肥 3 000～4 000 千克,普通过磷酸钙 40～50 千克,磷酸二铵 20～30 千克。将基肥一半全面撒施,一半按 55～60 厘米行距开沟施入,沟深 30 厘米,肥土充分混匀后顺沟施,并浇足底水,后填土起垄,垄高 15～18 厘米,垄宽 40 厘米,采用 150 厘米宽幅地膜实行“隔沟盖沟”法盖膜。

(2)定植

①定植时期　10 厘米最低土温稳定在 12℃以上为春提早菜豆栽培的适宜定植期,此时也是春夏露地菜豆栽培的适宜播种期。

②定植密度　蔓生种行距 50～60 厘米，穴距 25 厘米，每穴 3 株；矮生种行距 40 厘米，穴距 30～33 厘米，每穴 3 株。每亩定植 3 500～4 000 穴，不可过密，否则秧苗徒长，落花、落荚严重，甚至不结荚。

③定植技术　当幼苗 3～4 叶期起苗定植，每垄定植 1 行，开穴或开沟，浇定植水，摆苗。

5. 田间管理

(1)温度管理。定植后白天温度保持在 25～28℃，夜间温度 15～20℃；缓苗后，适当降温，昼温 20～25℃，夜温 15℃为宜。春提早栽培，前期注意保温，3 月份后外界温度升高，注意通风降温。

(2)肥水管理。第一花序开放期一般不浇水，缺水时浇小水。一般第一花序的幼荚伸出后可结束蹲苗，浇头水。以后浇水量逐渐加大，宜保持土壤相对湿度的 60%～70%。每采收一次浇一次水，注意要避开花期。两次浇水中有一次要顺水冲入化肥，每次每亩施硝酸铵 15～20 千克。天气冷后，浇水宜适当减少，浇水不要超过种植水。

结荚期间，每采收 1 次豆荚，应浇水追肥，每亩蔓生菜豆甩蔓时追施尿素 15 千克左右，也可在坐荚后用 0.2% 的磷酸二氢钾喷施。

(3)中耕除草。幼苗出齐后，应及早定苗，同时进行中耕培土，使土壤疏松，有利保墒和提高地温，促进根系生长。从定苗到开花前，每 6～7 天可中耕 1 次，中耕要深、细，不要伤根，结合中耕要经常培土，以便根茎部多生侧根，提高地温，保持土壤水分，并可控制杂草滋生。

(4)植株调整。蔓生品种及时吊蔓，长有 4～8 片叶开始抽蔓时，结合浇抽蔓水插入字架或篱壁，注意在距离棚顶 20 厘米打顶。矮生品种不必插架。注意不要让主蔓一次爬到棚顶，待龙头即将爬到棚顶时落蔓。春节过后一般不再落蔓。进入结荚后期，植株开始衰老，可进行剪蔓，改善通风透光环境，促进侧枝再生和潜伏芽开花结荚。生育后期及时打去植株下部的病叶、老叶、黄叶，以利通风透光。

6. 菜豆落花落荚的原因及防治

(1)菜豆落花落荚的原因

①环境因素:花期、结荚期遇到不适的环境条件,影响花器发育,产生落花落荚。

温度:温度是决定落花落荚的主要因素。花粉发育期间,特别是花粉母细胞减数分裂时,如遇高于28℃的高温或低于13℃的低温条件,使得花粉母细胞减数分裂发生畸形,少数花粉母细胞解体,不能发育成花粉粒,从而降低甚至丧失花粉生活力。菜豆前期花芽分化、开花结荚时正值低温季节,生长后期正遇高温天气,都会导致大量落花落荚。

湿度:空气湿度、土壤湿度对菜豆开花结荚有很大影响。菜豆生长发育过程中对土壤水分消耗量大,对空气湿度要求较少。花期浇水过多,空气湿度大,土壤积水导致花粉不能破裂发芽,影响花粉发芽力。土壤或空气干旱会破坏小孢子体的倍性及碳水化合物的新陈代谢,导致花粉成畸形,不孕或死亡,从而发生大量落花落荚。棚室栽培菜豆要防止土壤干旱或积水,进行合理通风,加强管理。

光照:菜豆花芽分化后,光照过弱时,光合作用下降,植株同化能力减弱,同化量减少,花器发育不良,落花落荚现象严重。菜豆花期遇连续阴天多雨会引起大量落花落荚。

②营养因素:对落花落荚有很大影响。从出苗到开花结荚后期,各器官间存在争夺养分的竞争。特别是开花结荚期,是营养生长与生殖生长并行时期,此时必须协调好二者间关系,保证养分均衡。

花期浇水过多,早期偏施氮肥,植株营养生长过旺,花、幼荚养分供应不足,而导致落花落荚;密度过大,植株间相互遮阴,通风、透光条件差,也会导致植株徒长而出现落花落荚;夜温过高,植株呼吸作用增强,消耗过多养分,而导致养分供应不足,出现落花落荚;支架不及时、不稳固或采收不及时,采收时扯断茎蔓,导致刚开的花或嫩荚落下;生长后期,肥水供应不足,植株早衰长势下降,也会引起落花落荚。

③病虫害:当大棚气温 20℃,高湿时易发生病害。苗期、成株期均可发病,特别是开花结荚期,先侵染开败花,后扩展到荚果,病斑由淡褐色到褐色,呈软腐,然后脱落。害虫蛀食菜豆的花蕾、豆荚,造成落花落荚。

(2)菜豆落花落荚的防治措施

①适期定植。棚室栽培菜豆采用地膜覆盖技术,不但可以提高地温,促进根系生长,提早开花,还可以降低空气湿度,减轻病虫害发生,防止落花落荚。

②合理密植,及时搭架或吊绳,清洗棚膜,以增强通风透光能力。

③防止温度过高或过低。开花结荚期,保持白天 20~25℃,夜间 15~20℃,温度过高要及时通风。随着外界温度增高,可逐渐增加通风量和通风时间。当外界最低气温达 15℃,可昼夜通风。

④加强肥水管理。苗期、花期以中耕保墒为主,当第一花序上的豆荚达 3~5 厘米时,开始追肥浇水,每亩追施尿素 15~20 千克,结荚盛期需勤浇水追肥,保持土壤湿润。

⑤及时采收,防止采收过晚。结荚前期、后期 3~4 天采收一次,盛期 1~2 天采收一次,采收后注意肥水供应。

⑥结荚后期,及时打掉老叶、黄叶、病叶,增加通风透光能力,减少养分消耗。

⑦加强病虫害防治,采用多种措施并举,综合防治病虫害。

7. 采收

蔓生种播种后 60~70 天始收,可连续采收 30~60 天或更长时间;矮生种播后 50~60 天始收,可连续采收 20~25 天。嫩荚大小基本长成时及时收获,采收过早影响产量,过晚影响品质,一般落花后 10~15 天为采收适期。盛荚期 2~3 天采收一次,注意不要漏摘,不要伤茎叶。

(二)豇豆的无公害栽培技术

豇豆,又名豆角、带豆、长豆。豆科豇豆属一年生缠绕性草本植物,原产于亚洲东南部,我国南方普遍种植。可鲜食亦可加工。以嫩荚为产品,营养丰富,茎叶是优质饲料,也可作绿肥。是解决8～9月份夏秋淡季的主要蔬菜之一。

1. 豇豆的栽培茬口安排

豇豆适合盛夏栽培。春、夏、秋均可栽培,按栽培季节可划分为春夏栽培,春季播种夏季上市;夏秋栽培,夏季播种秋季上市;春提早栽培,早春播种初夏上市。豇豆栽培上采用的保护设施包括:日光温室、塑料棚、温床以及多层覆盖保温材料等。

2. 豇豆无公害栽培的品种选择

豇豆依茎的生长习性可分为矮生型品种、半蔓生型品种和蔓生型品种。豇豆无公害栽培应选择抗病、优质、高产、商品性好、符合目标市场消费需求的品种。

春季及春季提早栽培,应选择耐寒性好的品种如丰产二号、春燕等;夏季栽培应选择耐热性较好的品种如芦花白、丰产三号、夏宝等;秋后栽培应选择耐寒品种如金山豆等。大棚栽培应选早熟、高产、抗病、豆荚长嫩、肉质肥厚的蔓生品种,如早豇二号、早生王、特绿60、宁豇3号、丰产3号、扬豇12等。

矮生型品种可以选择早矮青、一丈青、皖青512等;半蔓生型品种可以选择新乡地豆角、黄花青等;蔓生型品种可以选择早豇1号、早豇2号、早生王、豇28-2、张塘豇豆。

3. 育苗

豇豆栽培一般选择直播,但是春栽培提早或春夏栽培为了提早上市,一般采用育苗。

直播一般按确定的栽培方式和密度穴播3～4粒干种子。

育苗时间根据栽培方式而定,一般大棚套小拱棚栽培的,2月中下旬育苗;小拱棚加地膜栽培的,3月上旬育苗。

育苗可选用营养钵育苗和苗床育苗。苗床育苗的苗床土每平方米播种床用福尔马林30～50毫升,加水3升,喷洒床土,用塑料薄膜闷盖3天后揭膜,待气体散尽后播种。或用72.2%霜霉威水剂400倍液对床面浇施。按每平方米苗床用15～30千克药土作床面消毒。方法:用 8～10 克 50% 多菌灵与 50% 福美双等量混合剂,与 15～30 千克细土混合均匀撒在床面。营养钵营养土用充分腐熟的有机肥:菜园土 1:(3～4),经充分混合均匀过筛后,装入营养钵,营养钵整齐严密地摆放在整平的苗床里。播种前将营养钵浇透水,待水渗下后,将日晒 2～3 天、无病无虫蛀、饱满整齐的种子播在营养钵内,每钵播种 2 粒,然后覆过筛营养土 2 厘米左右厚。

出苗前床内温度白天保持 30～35℃,晚上保持 16～18℃,水分不宜过多,以防种子腐烂,一般 4 天即可出苗。出苗后及时揭开地膜,温度白天控制在 25～30℃,晚上保持 15～16℃,保持土壤湿润。定植前 5～7 天逐渐降温炼苗,增强抗逆性,温度白天控制在 20～23℃,晚上保持 10～12℃。整个育苗期,苗床既要防止土壤过干,又不宜过多浇水,更应防止苗床积水。苗龄 20～25 天,幼苗具 3～4 片真叶时可以定植。

4. 整地定植

(1)整地。春早熟豇豆产量高,结荚期长,需肥量大,应施足基肥。优质腐熟有机肥 2 000～3 000 千克/亩、总含量 45% 三元复合肥 25～30 千克/亩,将土壤深耕 25 厘米左右,按畦宽 50 厘米、高 20 厘米,畦与畦间隔 50 厘米筑畦,畦面上覆盖地膜。

(2)定植。

①定植时间。10 厘米最低土温稳定通过 12℃为春提早豇豆栽培的适宜定植期,此时也是春夏露地豇豆栽培的适定播种期。

②定植密度。露地春夏和设施春提早栽培每亩 3 000～3 500 穴,露地夏秋和设施秋延后栽培种植每亩 3 500～4 000 穴,每穴播种 4～5 粒,出苗后每穴定苗 2 株。

5. 定植后的管理

(1)温度管理。定植后移栽后 3～5 天内升温缓苗,一般不通风,缓苗后白天温度保持在 25～30℃,夜间不低于 15℃。当外界温度稳定通过 20℃时,撤棚膜进行露地栽培。

(2)肥水管理。豇豆容易出现营养生长旺盛,应采取促控措施,防止徒长和落荚。初花期不浇水,以控制营养生长。第一花序开花坐荚及其后几节花序出现时,才浇第一次水,同时追施尿素 20千克/亩,适时浅锄保墒,并培土。以后每隔 15 天左右浇一次水,要掌握浇荚不浇花的原则。隔一水施一次肥,稀粪水和化肥交替施用,施尿素 15～20 千克/亩、磷酸二氢钾 0.75～1 千克/亩。

(3)植株调整。主蔓长 30～40 厘米时要及时引蔓,引蔓要在晴天下午进行,不要在雨天或早晨进行,以防折断。合理整枝,使茎蔓均匀分布,提高光能利用率。利用主蔓和侧蔓结荚,增加花序数及其结荚率,延长采收期,提高产量。主要是打杈和摘心。打杈时一般把第一花序以下各节的侧芽全部打掉。第一花序以上各节多为混合节位,既有花芽,又有叶芽,摘除时只摘叶芽,不要损伤花芽。另外,当主蔓长到架顶时,应及时摘除顶芽,促使中、上部侧芽迅速生长,形成中、上部子蔓横生,各子蔓每个节位都结荚的态势。主蔓中部以上长出的侧蔓,抽出第 1 花序后留 4～5 叶打顶,以增加花序数,并促进花序良好发育。

6. 采收

开花 13～15 天后即可采收。采收的标准是:荚条粗细均匀,荚面豆粒不鼓起。为提高经济效益,下部荚可及早采收上市。采收时,不要损伤其他花芽及嫩荚,更不能连花序一齐摘掉。初期4～5 天采收 1 次,盛果期 1～2 天采收 1 次。

四、叶菜类蔬菜无公害栽培技术

叶菜类是主要以柔嫩的叶片、叶柄或嫩茎、嫩梢为食用器官的一类蔬菜,叶菜类的产品柔嫩多汁,不耐运贮。栽培种类多,其形态、风味各异,起源复杂,多数叶菜类植株矮小,生长期短,非常适于插空抢种,并且多适于密植,可作为高大蔬菜的间、套作物,并可排开播种分期供应。

(一)芹菜的无公害栽培技术

芹菜属伞形科的一二年生草本植物,其嫩茎、叶均可食用,芹菜是优良的保健蔬菜,具有浓烈的芳香气味,营养丰富,风味独特,是一种很有发展前途的特种蔬菜。特别是冬季塑料大棚栽培的芹菜质地细嫩，纤维少，品质好，是元旦、春节供应的主要细菜，具有很高的经济效益。芹菜是耐寒性蔬菜，喜冷凉怕炎热，利用日光温室栽培芹菜，一般作为冬春茬黄瓜或番茄的前茬进行秋冬茬栽培。

1. 芹菜栽培的茬口安排

芹菜在河南省可以进行露地栽培，按栽培季节可以划分为：早熟春芹菜，2 月下旬至 3 月上旬播种，4 月中下旬定植，6 月上旬收获；夏芹菜，5 月上旬播种，7 月中下旬至 9 月下旬收获；秋芹菜，6 月中下旬播种，10 月上旬收获。

适宜于栽培芹菜的设施种类比较多，栽培形式也多种多样。但是，目前北方芹菜设施栽培茬口主要有以下几种。

（1）大、中棚秋延后栽培。从 6 月上旬到 7 月上旬均可播种，8 月上旬到 9 月上旬定植，大棚出现霜冻后采收结束，中棚盖草苫防寒可延长至元旦（图 3-14）。

图 3-14　芹菜的塑料大棚栽培

（2）日光温室冬茬栽培。7 月中下旬播种，9 月中下旬定植，从元旦前开始采收，春节前后结束。

（3）日光温室早春茬栽培。12 月上旬在日光温室播种育苗，翌年 2 月上旬定植，4 月份开始采收。

（4）大、中棚春茬栽培。播种育苗根据苗龄推算在日光温室内的播种期。在大、中棚地温达到 0℃ 以上时定植。在 6 月初必须采收结束。

（5）小拱棚短期覆盖栽培。在小拱棚 15 厘米地温达到 0℃ 以上时定植。按 60 天苗龄推算在阳畦内育苗，露地气温达到 0℃ 以上时撤去棚膜，转为露地栽培图（3-15）。

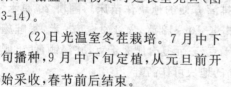

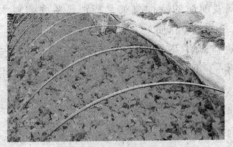

图 3-15 芹菜的小拱棚栽培

2. 芹菜无公害栽培的品种选择

要选择耐热抗寒、长势强、抗病、高产、优质的品种。小拱棚芹菜栽培应选用耐寒品种。芹菜分实心和空心两种,实心的植株高大,叶柄粗实,叶柄、叶片深绿,品质脆,耐低温,抗病性强,产量高。栽培上常用本芹品种有北京棒儿芹菜、北京大糙皮、天津白庙芹菜、保定铁杆、春丰、津南实芹、无丝芹菜、津芹 36 号等,西芹品种有意大利冬芹、美国西芹等。

3. 育苗

(1)苗床准备

选择土质疏松、肥沃、排灌方便的地块作苗床。翻耕 20 厘米,整平整细地面后,作凹畦,畦长 10～12 米,宽 1.2～1.3 米,每畦施入充分腐熟的有机肥 100 千克,三元复合肥 2 千克,并深锄,使土肥混合均匀。地势低、水位高的地块可作高畦。

(2)种子处理芹菜种子小,顶土能力弱,种皮革质,又有油腺,吸水能力差,出苗困难,播种前应进行种子处理。

①浸种:用 20～30℃ 温水浸种 12 小时,搓洗 2～3 遍再用温水浸泡 12 小时,捞出沥干。如果是当年收获的种子,其有 3 个月的休眠期,发芽率低,一般仅达 30%。为了打破休眠期,提高发芽率,播前先用 0.1% 赤霉素浸泡 4 小时后,用清水洗净药液后再催芽。这样经过 7～10 天,发芽率可达 70% 左右。

②催芽:将细河沙浇足水后用 65% 代森锌 600 倍液喷雾,消毒后,使其持水量保持在 45%～50%,把浸泡好的种子拌入细河沙

中,使沙、种混合均匀,置于 15～25℃的地方催芽。

(3)播种

①播种期:根据产品上市时间,确定播种时期。

②种子质量:选择上年或当年收获的种子,种子色泽正常,均匀。

③播种量:每平方米播种 3～5 克,亩用种 1 000～1 500 克(栽培种)。

④细致播种:在整平的苗床上浇足水,使其渗透后,将种子均匀撒入苗床,覆土 0.3～0.5 厘米厚(最好用筛子筛入)。春季盖地膜,夏季覆盖秸秆、树枝等遮阴物,待出苗后除去覆盖物。

(4)苗床管理:芹菜种子小,发芽慢,苗期生长缓慢。因此播种后注意保持床土湿润,晴天早晚浇一次水,待幼苗出土后逐步揭去覆盖物。揭去覆盖物应在傍晚进行,并保持床土润湿。幼苗 1～2 叶时,进行第一次间苗,除去弱苗、杂苗、丛生苗。间苗后,每 10 平方米施入腐熟人畜清粪水 1∶3(粪水∶水);待幼苗 2～3 叶时,进行二次间苗,除去弱苗、杂苗,保持苗距 2～3 厘米,间苗后每 10 平方米施入复合肥 1 千克,腐熟人畜清粪水 1∶2(粪水∶水);3 叶 1 心时结合补水追施腐熟人畜粪水 1∶1(粪水∶水),此时幼苗根系已经强大,水分不需过多,应保持土壤持水量 45%～50%,以促进根系生长加速幼叶分化。幼苗 4 叶 1 心时,方可定植。

芹菜幼苗生长缓慢,苗期长,容易产生草害,除人工拔除杂草外,还可用残留期短的除草剂清除。播种前后,每亩床土用 48%氟乐灵乳油 100～120 毫升,喷施地面。

4.定植

(1)土壤选择。栽培芹菜的地块应该选择地势高燥、排水通畅、富含有机质、肥沃疏松的壤土。

(2)整地施肥。适当增加基肥施用量,一般亩施优质土杂肥 5 000 千克,磷肥 50～100 千克,碳酸氢铵 30 千克,深翻耙平,做成宽 1.2～1.4 米的平畦或高畦,耙平畦面,准备定植。

(3)定植时间。露地定植时间根据播种时间和苗龄标准来定。

大棚冬芹定植时间为 9 月上旬至 10 月上中旬。冬季栽培定植宜选阴天或下午进行。

(4)定植技术。定植时边起苗边栽植,边栽植边浇水,以利缓苗。栽植深度以埋不住心叶为宜。合理密植,本芹按行距 10 厘米×10 厘米栽植为宜;西芹行株距为 50～60 厘米×20～25 厘米。

5. 定植后的管理

(1)温度管理。控制白天温度在 18～22℃,夜间 13～15℃。当外界最低气温较低时,应及时覆盖塑料薄膜,定植后及时扣膜保温。10 月下旬至 11 月上旬要及时扣棚,但此时气温仍较高,晴天大棚内中午温度高达 35℃,因此要及时通风降温。前期管理以温度控制为重点,维持棚温,白天 15～25℃,夜间不低于 10℃。11 月下旬以后,外界温度降至 6℃左右时,可将棚扣严,有寒流时夜间要加盖草帘防寒,每天早揭晚盖,重视保温。进入 12 月中旬以后,温度急剧下降,达 0℃以下时,夜间除盖 1 层较厚草帘外,可再加 1 层薄膜,防止冻害发生,以利继续生长。

(2)水肥管理。定植初期气温稍高,土壤水分蒸发快,一般 3～4 天浇 1 次水,保持土壤湿润,连灌两次后松土。缓苗后可施少量氮肥提苗。定植后 1 个月,新根和新叶已大量发生,开始进入旺盛生长期,此时,每亩施三元复合肥 10～15 千克或尿素 10 千克,10 天追 1 次,连追 2～3 次。结合施肥灌水,保证根系正常吸肥吸水。促进地上部苗壮成长。到严寒冬季,放风量减少,棚内水分不易散失,要减少浇水次数和浇水量,防止湿度过大,发生病害。

(3)中耕除草。定植后 1 个月内,应中耕 2～3 次,并结合中耕进行除草,中后期地下根群扩展和地上部植株已长大,应停止中耕。

(4)植株调整。芹菜以茎为主食,以栽培叶柄长而脆嫩为目的,可以喷洒激素,促进茎的伸长。因此在收获前 20～30 天,用 20毫克/千克的赤霉素溶液喷洒,10 天后植株可明显增高,茎叶颜色白嫩,产量、品质得到提高,又增强了商品性能。

6. 采收

一般于 11 月旬收获。收获时,植株直立,高度达到 70 厘米左右,重量每株达到 1 千克以上。装入塑料袋内,保持鲜嫩。

(二)菠菜无公害栽培技术

菠菜别名赤根菜、角菜。为藜科菠菜属一二年生植物。菠菜含有丰富的胡萝卜素、维生素 C、蛋白质及钙、铁等矿物质,具有较高的营养价值。菠菜适应性强,产量高,是解决早春淡季供应的重要越冬蔬菜之一,在我国各地均有栽培。

1. 菠菜的栽培茬口安排

菠菜的适应性强,在我国南北各地普遍栽培。既有耐寒的品种,又有耐热的品种,可以在河南省四季栽培(图 3-16)。为菠菜露地栽培。菠菜适应性广,生育期短,是加茬抢茬的快菜;基本上可做到排开播种,周年供应。如露地栽培主要有越冬菠

图 3-16 菠菜的露地栽培

菜、埋头菠菜、春菠菜、夏菠菜、秋菠菜等。保护地栽培主要有风障栽培、阳畦栽培、小棚栽培、中棚栽培、大棚栽培、温室栽培等。

2. 菠菜无公害栽培的品种选择

尖叶菠菜早熟、高产,耐寒力强,抗热力较弱,对日照的感应较敏感,在长日照下抽薹快,适宜秋播越冬栽培及秋季栽培,主要优良品种有黑龙江双城尖叶菠菜、青岛菠菜、大叶乌菠菜、绍兴菠菜等。圆叶菠菜耐寒力一般较尖叶类型稍弱,但耐热力较强。对长日照的感应不太敏感,春季抽薹较迟,产量高,多用于春、秋两季栽培。优良品种有法国菠菜、春不老菠菜、沈阳大叶菠菜、美国大圆叶菠菜等。大叶菠菜主要是日本的急先锋和全能两个品种,适宜于秋栽。

3. 选地作畦

在符合无公害蔬菜栽培条件的基地,要求栽培基地周围 5 000 米内无污染企业,确保灌溉水清洁无污染。选背风向阳、土质疏松肥沃、排水条件好、中性或微酸性土壤。

一般每亩施腐熟有机肥5 000千克，三元复合肥25千克。整地时可做成1.2～1.5米宽的平畦。每隔8～10米留出风障沟的位置。播前如土壤干旱，应先造足底墒(图3-17)。

图3-17　菠菜作畦栽培

4. 播种

(1)选种。应选用秋播采种的种子，这种种子比较饱满且后代抗寒性可通过自然选择不断提高。北方寒冷地区必须采用有刺品种，华北地区可适当选用无刺品种。

(2)种子处理。一般越冬菠菜采用直播。有时采用浸种，然后播种；很少采用催芽播种。播种前应搓散使出苗均匀。种子用凉水浸12～24小时，取出后放在室内或露地厚约15厘米，上盖湿麻袋保持湿润，每天搅拌1次，胚根露出即可播种，也可以在浸种后摊晾至种子散开时播种。

(3)播期。根据气象条件和品种特性选择适宜的播期。春菠菜当4～6厘米深的土壤表层解冻后或日平均气温达4～5℃时，便可播种，即在3月20日前后播种。秋茬在9月上旬播种，越冬茬华北、西北平原一般在9月中、下旬播种，东北地区可提前到9月初。保证菠菜在越冬前应有40～60天生长期，以菠菜在冰冻来临前长出4～6片真叶为宜。播种过早，温度高，生长量大，生长快，植株体内含糖量减少，不抗寒，造成死苗、缺苗。另外，植株生长过大，生长点暴露在外面，越冬时生长点冻坏、冻死。若过晚，幼苗小，根系发展范围窄，扎得浅，不抗寒。

(4)播种技术。菠菜多采用干籽直播，若播晚了，可浸种催芽，以赶上正常播期。播前或浸种前先搓破种子，使种皮变薄，以利于吸水。畦播需开沟，沟深6厘米，沟底要平，种子要撒在一个平面上，盖土厚度一致，才能出苗一致，生长点所处位置一致，越冬时苗大小一致。开沟后，将沟底踩实，覆土，再轻踩镇压。每亩用种量为 4～6 千克,严寒地区应适当增加播种量。

(5)间苗。当苗子长出两片真叶以后,播种量大的田块和苗密处可间苗。春秋茬以株距 5～8 厘米较适宜。

5. 田间管理

春菠菜、夏菠菜、秋菠菜茬口栽培处于气候适宜的季节,管理简单,现以越冬菠菜管理为例进行介绍。

(1)冬前幼苗生长期。这一时期是为培养抗寒力强能安全越冬,次春又能旺盛生长的壮苗打基础的时期,依地区不同为 50～60 天。浇好齐苗水,播种时如遇干旱,为保适时出苗,在播种后要及时少量灌水,保持湿润至出苗。如土壤湿度不够,出苗前应轻浇一水。出苗后在不影响苗子正常生长的前提下,适当控制浇水使根系纵深发展。长出两片真叶以后,播种量大苗密处可间苗,这时如缺水可轻浇 1 次,为了满足生长速度加快的需要可随浇水施用速效氮肥。以后根据苗子生长情况和土壤湿度情况适当浇水。

(2)越冬期。从停止生长到返青,依地区不同为 80～120 天,主要做好防寒保墒工作。地封冻以前立风障,近风障的畦温度较高收获较早,既可防寒又可提早采收,分期供应。立风障不可过早,过早则蚜虫聚集,为传播病毒病创造条件。越冬茬,适时适量浇“封冻水”,浇“封冻水”可延迟浇“返青水”的时间。早春浇水要小水勤浇。

(3)返青采收期。为越冬后植株恢复生长至开始采收的时期,需 30～40 天。返青后随温度的升高叶部生长加快,但温度的升高及日照的加长又愈来愈有利于抽薹,所以这个时期要肥、水齐攻,加速营养生长,主要浇好“返青水”,追好肥。土壤开始解冻地温回升,菠菜心叶开始生长时,可选晴朗天气浇一次“返青水”。选择气候趋于稳定,浇水后连续有几天晴天;耕土层已解冻,表土已干燥;菠菜心叶暗绿无光泽时进行。追肥以速效氮肥为主,应根据土壤肥力和植株生长状况施用,每次每亩施尿素不超过 10 千克,收获前 15 天内不施速效氮肥。

6. 采收

一般苗高 10 厘米以上即可开始采收,根据生长情况和市场需求可分批采收,也可分次间拔采收。采收宜在晴天进行。

(三)生菜无公害栽培技术

生菜是叶用莴苣的俗称,属菊科莴苣属。生菜原产欧洲地中海沿岸,由野生种驯化而来,为一年生或二年生草本植物,生菜富含水分,生食清脆爽口,特别鲜嫩,还含有蛋白质、碳水化合物、维生素C及一些矿物质。生菜含有的莴苣素,具清热、消炎、催眠作用。生菜以含热量低而倍受人们喜爱,其主要食用方法是生食。

1. 生菜无公害栽培的茬口安排

生菜属冷凉蔬菜,露地栽培主要是春、秋两季。南方温暖地区可露地越冬,北方冬季可在日光温室里栽培,每月播种一茬,定植一茬。如要周年供应,则要采用露地、保护地相结合的方式栽培,基本上可满足全年的需求。

2. 生菜的无公害栽培的品种选择

生菜无公害栽培宜选择耐热、抗寒、长势强健、抗病性强的品种。散生生菜品种主要有:黑子散叶生菜、广州软尾玻璃生菜等。结球生菜品种主要有:大湖659生菜、玻璃生菜、爽脆生菜、千胜生菜、美国生菜、意大利生菜等。

3. 育苗

(1)春季栽培。一般于1月底至2月上旬在冷床育苗,3月上旬左右定植。露地育苗在3月上旬开始播种,4月上旬定植。因为叶用生菜的种子非常细小(千粒重仅0.5克左右),因此,苗床必须精耕细作,床土要疏松细碎。施用的有机肥料,一定要充分腐熟,施肥后与床土混合均匀。播种前,苗床浇足底水,春季播种一般采取干种子撒播,播后撒一薄层细土,使种子被细土覆盖,然后用喷壶洒水。一般5～7天即可出苗。

(2)秋季栽培。播种时正处于高温季节,种子须经低温处理后再播种,方法是:将种子在清水中浸泡3～4小时,充分吸水后捞起,略微清洗后用纱布包好,放入冰箱冷藏室催芽,温度一般掌握在5℃左右,4～5天后,有70%的种子露白,就可播种。由于秋季育苗的播种期一般在 8 月上中旬，正处于高温和烈日情况下，为此，播种前床土要浇透水，播后土面要覆盖遮阳网，以减少水分蒸发。待 60％～70％的幼苗出土后，须及时揭去土面覆盖物，但仍需遮阴，以防高温下幼苗被晒死。

苗出齐后，进行间苗，间苗一般在 1 叶 1 心时，苗距按 3 厘米×3 厘米，并施一次追肥。整个苗期都要保持土壤湿润，否则育苗不理想。当苗有 3～5 片真叶时即可定植。

4. 定植

(1)定植时间。叶用莴苣苗龄一般在 25～35 天，因此，春季栽培用冷床育苗的，定植期在 3 月上旬左右，用露地育苗的定植期在 4 月上旬；秋季栽培的定植期一般从 9 月上旬开始。

(2)定植密度。定植的株行距一般为 25 厘米×35 厘米。秋季栽培，因天气炎热，定植后要连续浇几天水，直至活棵。

(3)定植技术。苗定植时最好带土，以提高栽培成活率。生菜生长快，生长期短，定植前要用充分腐熟的有机肥作基肥。定植时应带土护根，栽植深度以不埋住心叶为宜，及时浇定植水。

5. 田间管理

(1)散叶生菜管理。定植活棵后，及时松土、除草，并结合浇水追肥一次，促使幼苗生长。发棵后(莲座期)再结合浇水追肥一次。每亩可随水追尿素 10 千克，并且要保持土壤潮湿，收获前 30 天停止追施速效氮肥，防止叶片内积累硝酸盐过多。

(2)结球生菜管理。移栽后注意大棚保温，采用多层覆盖，控制棚内温度。缓苗后到开始包心前，温度比前一段要稍低，白天 15～20℃，夜间不低于 10℃。从开始包心到叶球长成，白天保持在 20℃左右，夜间 15～20℃。定植缓苗后，中耕控水 7～10 天，促进生根，防止徒长，但绝不可蹲苗过重，影响产量。移栽缓苗后 15 天左右，亩施硫酸铵 15 千克或尿素 10 千克，浇一次透水，促苗发棵，结球初期和中期进行第二次和第三次追肥，施肥量与第一次相同，并结合追肥进行浇水，结球生菜生长后期不要浇水施肥，以免引起腐烂或裂球，采收前 10 天停止浇水，利于收后贮运，整个生长期可结合防病防虫叶面追肥 3～4 次。

6. 采收

散叶生菜定植后 30～50 天可采收,单株重 0.2～0.4 千克;结球生菜定植后 60～70 天叶球长成,单株重在 0.4～0.5 千克时,就可采收。特别是在高温时,叶片形成后就可采收。

(四)青菜无公害栽培技术

青菜即不结球白菜,又名白菜、小白菜,原产中国,是我国各省人们周年喜食的最大众化的蔬菜。

1. 青菜无公害栽培的茬口安排

青菜常年均可播种,不同的季节选用不同的品种。秋冬白菜,播种时间为 9～10 月,主要供应季节为 10 月至翌年 2 月,播种后 50～70 天可收;春白菜,播种时间为 11～12 月,主要供应季节为 3～5 月,播种后 40～60 天可收;夏白菜,播种时间主要为 4～8 月,供应季节为 5～

图 3-18　青菜的夏季栽培

10 月,其中主要的供应时间为 6 月下旬至 9 月中旬,播种后 20～30 天可收(图3-18)。夏节采用避雨遮阴栽培的可于 5 月中旬至 9 月上旬播种。

2. 青菜无公害栽培的品种选择

根据不同的栽培季节茬口和消费习惯选用不同的适宜品种。夏季选择耐热、抗病性强、商品性好的品种,如抗热青、抗热 605 青菜、早生华京、泰国四季青梗菜;秋冬季选耐寒、束腰性好的品种,如上海青、矮抗青、冬常青、二月慢、早生华京、黑油冬等;春季栽培青菜以幼苗或嫩株上市,在 3 月下旬之前播种宜选用晚熟、耐寒、耐抽薹的品种如四月慢,在 3 月下旬之后播种,多选用早熟和中熟的秋冬青菜品种栽培。

3. 播种

一般采用直播,也可采用育苗移栽,以缩短种植时间,提高土地利用率。但在夏秋高温季节,直播可避免伤根,增强抗逆性。直播每亩用种量 0.75～1.0 千克。秋冬季节育苗移栽,每亩苗床播种量为 0.4～0.5 千克。秋季栽培行株距 20 厘米×20 厘米;春季栽培行株距 15 厘米×15 厘米。对于同一个品种,直播种宜稀,育苗宜密;直播时,需要提前采收的宜密,适当延迟采收的宜稀。播后盖细土 0.5～1 厘米厚,耧平压实。

4. 整地作畦

(1)地块选择。选择无工业三废污染、化学农药和重金属超标残留的土壤,并且以地势平坦、避风向阳、排灌方便、富含有机质的沙壤土、壤土、轻壤土为宜。灌溉水利用无污染的地下水或蓄积的自然雨水。前茬应避开十字花科蔬菜。

(2)整地作畦。播种前 3～5 天整地作畦,结合整地,每亩撒施充分腐熟的有机肥 1 500 千克左右。畦宽(连沟)1.5 米,沟深及宽各 30 厘米,深沟高畦,利于排水。将畦面整平耙细,拾净杂草、前茬作物等,使畦面略呈弓背形。

5. 田间管理

(1)肥水管理。播种后应及时浇水,保证齐苗、壮苗。定植或补栽后应浇水,以促进缓苗。根据栽培季节控制浇水量,低温季节由于温度低,需水少应少浇,时间应安排在中午前后。高温季节需水量大,应经常浇水,宜在早晚进行。若遇连阴雨季节,要及时清沟排水。在施足基肥的基础上,追肥以速效肥为主,生长中期(具 3～4 片真叶时)每亩喷施 0.2％尿素或氨基酸叶面复合肥 440 毫升稀释 200 倍喷施于叶片的正反面。该措施与常规追施尿素相比,具有增产、降低硝酸盐积累的效果。施肥应勤施轻施,前淡后浓,每隔 5～7 天施 1 次,直至采收前 10 天为止。施肥常与浇水结合进行。不应使用工业废弃物、城市垃圾和污泥,不应使用未经发酵腐熟、未达到无害化指标的人畜粪尿等有机肥料作基肥或进行追肥。

(2)温度管理。青菜生长最适温度为 18～20℃,应根据天气情况及时进行揭膜通风。晴天高温时,在棚顶加一层遮阳网降温,使青菜正常生长。

(3)间苗除草。一般在幼苗开始"拉十字"时进行第一次间苗，宜早不宜迟，间去过密的小苗。当长出 4 片真叶时进行第二次间苗，间去弱苗、病苗，同时可结合市场行情，开始间苗上市。在间苗的同时，拔除杂草。

6. 采收

采收前 5 天揭遮阳网，以确保优质高产、降低菜体硝酸盐积累。青菜采收过早影响产量，采收过迟影响品质，因此要及时采收。青菜的采收标准是外叶叶色开始变淡，基部叶发黄，叶簇由生长转向闭合生长，心叶伸长到与外叶齐平，俗称"平心"时即可采收。采收时间以早晨和傍晚为宜，并尽可能达到净菜上市标准。一般冬春季栽培在播后 40～60 天可采收，夏播青菜播后 20～25天，长至 5～10 叶时即可采收上市。

五、葱蒜类蔬菜无公害栽培技术

葱蒜类蔬菜包括韭菜、大葱、洋葱、大蒜等，均属于百合科葱属的二年生或多年生草本植物。葱蒜类蔬菜营养价值高，风味鲜美，其茎叶中含有特殊香辛物质—硫化丙烯，有开胃消食之功效，也是解腥调味之佳品。

(一)韭菜无公害栽培技术

韭菜是百合科葱属多年生宿根蔬菜，起源于我国，分布广泛，在全国各地都有栽培，现在我国北方设施栽培非常普遍。低纬度地区多用造价低廉的小拱棚栽培，高纬度地区和高寒地区多用日光温室栽培，产生了较好的经济效益。

1. 韭菜无公害栽培的茬口安排

韭菜是葱蒜类蔬菜设施栽培中最广泛的一种，品种类型多，露地栽培可在春、夏、秋三季播种，北方地区春播苗，应在夏至后定植；夏播苗，应在大暑前后定植，以躲过高温多雨的七八月份；秋播苗，应在来年清明前后定植。设施栽培形式多。主要有风障、小拱棚、塑料大棚和日光温室。其茬口安排(表 3-2)。

2. 韭菜无公害栽培的品种选择

选用抗病虫、抗寒、耐热、分株力强、外观和内在品质好的品种。韭菜设施栽培要求选择耐高温、高湿,同时分蘖力强、生长速度快、休眠期短而又不易倒伏的的品种。主要品种有:平韭2号、北京大白根、嘉兴白根、汉中冬韭、大金钩韭、河南791、寿光独根红等品种。

表 3-2　韭菜设施栽培茬口安排一览表

栽培茬口	设施类型	扣膜时间	产品形成期
春早熟	风障、塑料大棚	2月上中旬	3月中下旬、4月上旬
冬春茬	阳畦	12月中下旬	2月上旬
越冬茬	中小棚日光温室	12月中下旬、11月下旬至12月上旬	12月上旬至12月下旬
秋延后栽培	日光温室、塑料大棚	10月中下旬、10月中旬	11月下旬

3. 整地施肥

(1)栽培地选择。选择交通便利、背风向阳、地势高燥、土质肥沃、无盐碱性、排灌方便、土壤 pH 值在 7.5 以下的沙质土壤的前茬作物非葱蒜类作物的地块,并且要远离污染源。

(2)整地作畦。选好的地块,冬前翻耕晾晒,立冬时节灌 1 次封冻水。早春每亩施充分腐熟的有机肥 2 000 千克、磷酸二铵 20 千克,然后深翻 30 厘米,反复耙平做实,土壤和肥料充分混合,土表疏松绵软。北方地区一般作低畦栽培,畦宽 2 米,长度可是地块和栽培的实际情况而定,一般 30~40 米,整平畦面如图 3-19。

图 3-19　韭菜小拱棚低畦栽培

4. 育苗

(1)苗床土壤选择。苗床应该择排灌方便、地势高燥地块,宜选用沙质土壤,土壤 pH 值在 7.5 以下。

(2)整地施肥。韭菜是喜肥的蔬菜种类,耕地时必须施足基肥,基肥应以磷肥和腐熟的优质厩肥为主。氮肥如果过多,韭菜容易徒长、倒伏。一般在冬前深翻 25～30 厘米,结合翻地每亩施4 000～5 000 千克的优质厩肥;在接近播种时,再浅耕一次,结合耕地每亩施入过磷酸钙 50 千克,尿素 18.5 千克,耕后细耙,作成宽1～1.3 米、长 10 米的畦子,整平畦面。

(3)种子处理。韭菜大面积栽培时多采用播种法育苗,为促进早发芽,一般采用浸种催芽技术。方法:首先用水温 40℃左右的温水浸种 24 小时,去除瘪籽,搓洗 3～4 次(洗去种子表面的黏液)后用清水冲洗 2～3 次,然后滤净水分用湿布包起来,置于 15～20℃环境下催芽,每小时翻动 2 次,48 小时用清水冲洗 1 次,3～5 天后即可萌芽。

(4)播种。韭菜播种时期一般以地温稳定在 12℃左右。一般在 4 月中下旬(谷雨前后)播种。播种采用南北向条播法,沟深13～15 厘米,沟宽 9 厘米,沟距 35～40 厘米。播后覆细土 1 厘米厚,不宜过厚,否则不宜出苗,覆土后轻微镇压.然后浇透水。

(5)播后管理技术。播种后 2 天内立即喷洒除草剂,预防韭菜田内的苗期杂草,一般每亩喷洒 35％的二甲戊灵 100～150 克或48％的地乐胺 200 克。韭菜出苗前不进行田间管理措施,以免破坏除草剂形成的药膜。韭菜出苗后,3～5 天浇水 1 次并遮阴保湿,在第三片真叶时灌大水,及时疏密补稀进行匀苗,以达到苗全、苗匀、苗壮的目的。

5. 定植

(1)定植时间。定植时间取决于播种时间,春播苗在夏至定植,秋播苗于第二年清明前后定植。一般在播后 80～90 天,苗子长到 5～6 叶,高 18～20 厘米时定植较为合适。

(2)定植方法。定植方法首先将韭苗起出,剪去须根选端,留2～3 厘米,以促进新根发育。再将叶子先端剪去一段,以减少叶面蒸发,维持根系吸收与叶面蒸发的平衡。

(3)定植密度。定植密度依品种的分蘖能力而定。在畦内按行距 18～20 厘米、穴距 10 厘米,每穴栽苗 8～10 株,适于栽培青韭;或按行距30～36厘米开沟,沟深16～20厘米,穴距16厘米,每穴栽苗20～30株。

新根

前一年的老根

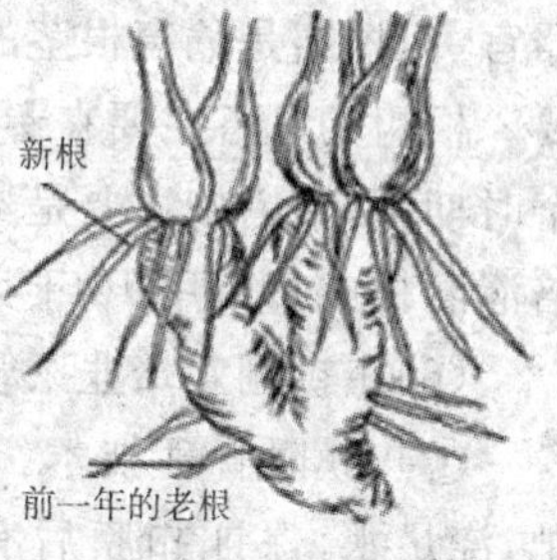

图 3-20 韭菜的跳根现象

(4)定植深度。韭菜有跳根现象(图 3-20),每年根系上移,定植宜深栽浅盖,覆土厚至与假茎平齐即可;栽后镇压,使根、土紧密接触。

定植时间根据栽培茬口和方式而定。适于栽培软化韭菜,栽培深度以不埋住分蘖节为宜。

6. 定植后的管理

(1)合理施肥。韭菜苗出齐后,及时追施催苗肥(每亩随水冲施 500 千克人粪尿);在 8 月初和 9 月初,韭菜旺盛生长和积累养分的关键时期,每亩追施 2 000 千克人粪尿或腐熟的饼肥 150～200 千克和过磷酸钙 100 千克,以促进韭菜健壮生长。

(2)水分管理。韭菜属于半喜湿类蔬菜,比较耐干旱。雨季必须及时排除田间积水。秋季雨水减少后,9 月份 7 天左右浇水 1 次,10 月份逐步减少浇水量,掌握间干间湿、不旱不浇的原则。

(3)防止倒伏,改善通风透光条件。韭菜生长旺季,如果水肥管理不当,极易造成倒伏现象,若倒伏后不及时处理,会造成下部叶片黄化、腐烂、孳生病虫害。为防止倒伏造成的危害,首先要严格田间水肥管理措施,根据田间实际情况灵活掌握施肥和浇水的时期和用量,确保韭菜健壮生长。其次,如果发生倒伏要及时采取措施:春季倒伏后可适当割去上部 1/3～1/2 的叶片以增加株间光照,使其恢复直立性。秋季倒伏后禁止刀割,可采取设立支架扶持或隔天翻动的方法改善田间通风透光条件。

(4)及时掐去花蕾,节约养分。韭菜花蕾的生长开花要消耗掉很多养分,严重影响到营养物质的积累。在秋季花薹抽出时,及时掐除,以保证营养物质充足的积累。

(5)防治根蛆,保护根茎的生长。根茎是韭菜贮藏营养的主要器官,而根蛆是危害根茎的主要害虫,所以加强根蛆的防止尤为重要。根蛆的危害主要在春末夏初和秋季的9月上旬(白露前后)两个时期,防治措施主要是药剂灌根防治,多采用90%的敌百虫800倍液灌根或每亩用10千克草木灰条施进行防治。

(6)小拱棚栽培韭菜管理技术

①扣膜时管理技术。对于不需回青的韭菜,扣膜前应施足底肥,浇足水,保证扣膜后有充足的水肥供应。并在扣膜前5~10天,高割一茬,以改善通风透光条件。对于需回青的韭菜,在全部回根后(地上部全部枯萎)土壤封冻前,灌足封冻水,造足底墒;清除残茎枯叶,保持菜田洁净,如有残茎也应刮掉并全部清扫干净。清扫干净后,盖一层充分腐熟的优质马粪或土杂肥,用量以20平方米施50千克为宜,以利于提高低温和供应养分。

②扣膜后的管理技术

温度管理

扣膜时间一般在距收割50~55天时进行,初扣膜时一定不要扣严,以防止白天温度提升过高、昼夜温差过大,可采取昼揭夜盖的方法控制昼夜温差,待天气渐渐冷下来时再减少通风。一般第一刀韭菜生长期间,白天小拱棚内温度控制在17~23℃,尽量不超过24℃,不允许有2~3小时超过25℃,以后每刀棚内温度可比上刀提高2~3℃,但不要超过30℃;第一刀韭菜生长期间夜间温度控制在10~13℃,昼夜温差控制在10~15℃范围内,以后每刀的夜间温度随白天温度的提高需跟随提高。

水分管理与湿度调节

扣膜前已经浇过水的,土壤水分能够满足第一刀韭菜的萌发和生长需要,扣膜后一般不浇水。在收割前一周可浇一次增产水,浇水后应加大通风,避免湿度过大,叶片结露引发病虫害。收割后3~5天不通风以提温保湿。上刀韭菜收割后至本刀韭菜长到6~8厘米高以前,由于伤口尚未完全愈合,因此不能浇水。以后当发现韭菜生长减慢时,可适当浇水,注意浇水在晴天的中午进行,浇水后及时通风排湿。韭菜叶片肥嫩,叶片生长期间小拱棚内湿度应控制在 75％～85％,湿度过大,叶片结露易引发病虫害。

③土壤管理。当韭菜萌发露尖后,进行第一次培土,株高 3～4 厘米时进行第二次培土,株高 10 厘米时进行第三次培土,株高 15 厘米时进行第四次培土;培土一般结合松土进行,每次从行间取土培到韭菜根部形成 2～3 厘米高的土垄,4 次培土后形成 10 厘米左右高的小高垄。通过培土可以达到四个方面的功能:对假茎起到软化作用,提高韭菜的质量;垄沟相间便于浇水管理;提高地温,促进生长;把株型开张的植株叶片拢到垄中央,改善行间通风透光。

④施肥管理。在施足基肥的基础上,追肥不宜过早。为促进本刀韭菜和下刀韭菜的生长,结合浇增产水每亩施入 15～20 千克的复合肥。注意忌用铵态肥,以免造成氨害。在韭菜叶片生长期间,可喷施一些激素和微肥进一步提高韭菜叶片的产量和质量。

(7)日光温室栽培韭菜管理技术

①培养根株。根株要求健壮。为此,一般应选择 3～5 年生的韭菜地块,除加强水肥管理外,要及时摘除花薹并应控制收割次数。注意清除杂草烂叶,灌施一次腐熟人粪尿并覆盖一层土粪,灌一次冻水。

②适时扣棚。对于休眠期较长的深冬性北方韭菜品种须待地上部枯萎以后才能扣棚生长,一般扣棚时间我区在 11 月上中旬。但对于休眠期较早而短的浅冬性南方品种如河南 791、杭州雪韭等,地上部枯萎前后均可扣棚,这样即可提前 10 天左右(10 月底)先割一刀韭菜,再扣棚。扣棚之前,要浇足冬水,施一次蒙头肥,清除残茎枯叶。

③控温调湿。韭菜生长适温为 12～24℃,15～18℃最适宜生长,室内相对湿度以 60％～70％为宜,湿度大时易烂叶,湿度小时品质差。在清茬或收割后温度可以提高 2～3℃,达到 25～28℃,以促进早发;韭叶出土后严格控温,白天 17～24℃,夜间 8～10℃,不低于 5℃;收割前 3～5 天,再适当降温 2～3℃,以提高产品质量,割后也不易发薹。在高温、高湿、弱光条件下,质量无明显下降。但温度超过 35℃,低湿缺水时产品质量下降。因此,要注意通风换

气,适当早揭晚盖草帘。

④浇水施肥。韭菜喜湿耐肥,扣棚以后生长期间,浇水不宜过多。关键是在收割前5~7天浇水,这样既能提高产量,又可为下刀韭菜生长创造良好的条件(割后浇水容易烂茬)。结合浇水适量追施化肥,施肥量过大,易造成肥害。水肥的管理还要与根茎培土相结合,当韭菜开始生长,株高8~10厘米时,进行第1次培土,株高15~20厘米时,进行第2次培土时培土以不埋没韭叶分杈处为宜,第一刀韭菜收获后,再扒土亮茬促进早发,同时开沟亩追施尿素20千克。第二茬韭菜生长期间,还应进行两次培土,其培土方法及追肥量与第一茬韭菜相同,但灌水应根据天气预报,在天晴时上午浇水为最佳,每次水量不宜过大。

7. 收割采收

一般株高30厘米即可收割,收割时的高度控制在鳞茎以上3~4厘米处(即黄色叶鞘处);两刀之间的间隔以一个月为宜。一般收割3刀,收割宜在晴天上午进行,雨前和雨天不割。为获高产高效益,每次下刀宜浅,以免影响下茬长势。每茬收获后要注意追肥、灌水、中耕松土。

(二)大葱无公害栽培技术

大葱,百合科葱属二年生草本植物,原产于我国西部及中亚、西亚地区。大葱抗寒耐热,适应性强,在我国南北各地栽培普遍,以肥大的假茎(葱白)和嫩叶为产品,营养丰富,具有辛辣芳香气味,生熟食均可,并具有杀菌和医疗价值。我国通过多年栽培形成了很多大葱的栽培基地,也形成了很多种栽培模式,产量和经济效益迅速提高。

1. 大葱无公害栽培的茬口安排

大葱对温度的适应性较广,可分期播种,周年供应。南方地区一般秋播,亦可春播,春播后当年冬季即可收获葱白,但产量较低。北方地区冬贮大葱多采用露地秋播育苗,翌年春季定植,秋末冬初收获葱白。为防止抽薹早春可在设施内育苗,进行栽培。河南通过大葱栽培研究发现,如果分别于3月中下旬、6月下旬、前一年的

9月中下旬在育苗地进行育苗,然后在栽培地分别于3月下旬、6月上中旬、9月下旬定植,在6月上旬、9月中旬、翌年3月中旬收获,可以实现一年三茬的栽培模式。

2. 大葱无公害栽培的品种选择

选用抗病虫、抗寒、耐热、抗逆性强、适应性强、商品性好、高产耐贮的品种。一般选用章丘大葱、金丰巨葱、寿光大葱、隆尧大葱、海洋大葱等。

3. 栽培地的选择

栽培场地应清洁卫生、地势平坦、排灌方便、土质疏松肥沃、土层深厚、远离污染源,前茬为非葱、蒜类蔬菜的地块。

4. 育苗

(1)播种时间。各地播期虽有一定差异,但均以幼苗越冬前有40～50天的生长期,能长成2～3片真叶,株高10厘米左右,茎粗0.4厘米以下为宜。

(2)种子处理。

①浸种催芽。可用30℃温水浸种24小时,除去秕籽和杂质,将种子上的黏液冲洗干净后,用湿布包好,放在16～20℃的条件下催芽,每天用清水冲洗1～2次,60%种子露白时即可播种。

②拌种。生根剂拌土:金宝贝根苗壮可显著促进葱苗生根、增强根的吸收和固定能力。主要用于葱蒜等作物育苗阶段,拌混在营养土内或在定植、移栽、生长中后期床畦浇灌、蘸根、叶面喷施使用,可提高地温、提早发芽、促弱苗成壮苗。

(3)苗床整理。苗床应选择旱能浇、涝能排的高燥地块,宜选用沙质壤土,土壤pH值7.0～7.5。播种结合施肥耕翻土地,结合整地每亩撒施优质腐熟猪厩肥6 000千克,尿素20千克,过磷酸钙60千克,硫酸钾12千克,耕后细耙,整平做成1.0米宽,8～10米长的畦。

(4)播种。播种时灌足底水,均匀撒种后,覆0.5～1厘米厚的细土。每亩栽植大葱用种量为3～4千克。

(5)幼苗期管理。

①冬前管理一般冬前生长期间浇水1～2次即可,同时要中耕除草。冬前一般不追肥,但在土壤结冻前,应结合追施稀粪水,灌足冻水。越冬幼苗以长到2叶1心为宜。

②春苗管理翌年日平均气温达到13℃时浇返青水,返青水不宜浇得过早,以免降低地温。如遇干旱也可于晴天中午灌1次小水,灌水同时进行追肥,以促进幼苗生长。也可于畦内施腐熟农家肥提高地温,数日后再浇返青水,然后中耕、间苗、除草,间苗的株距2～3厘米。苗高20厘米时再间1次苗,株距6～7厘米,再蹲苗10～15天。蹲苗后应顺水追肥,每亩每次施入硫酸铵10千克及粪水1 000～1 500千克等,以满足幼苗旺盛生长的需要。幼苗高50厘米,已有8～9片叶时,应停止浇水,锻炼幼苗,准备移栽。

5. 整地施肥与定植

(1)整地施肥。大葱忌连作,前茬应为非葱蒜类作物。每亩普施腐熟农家肥5 000～10 000千克,浅耕灭茬,使土肥混合,耙平后开沟栽植。

(2)定植。

①定植时间。大葱定植后应保证130天的生长期,一般在芒种(6月上旬)到小暑(7月上旬)期间定植。当植株长到30～40厘米高,横径粗1.0～1.5厘米时,正适于定植。

②起苗和选苗分级。起苗前1～2天苗床要浇1次水。起苗时抖净泥土,选苗分级,剔除病、弱、伤残苗和抽薹苗,将葱苗分为大、中、小三级,分别栽植。当天栽不完的,应放在阴凉处,根朝下放,以防葱苗发热、捂黄或腐烂。

③定植技术。定植前整地开沟,栽植沟宜南北向,使受光均匀,并可减轻秋冬季节的北向强风造成的大葱倒伏。开沟前每亩施优质农家肥5 000千克,沟距1.2米,沟深0.3米,在沟内施硫酸钾复合肥和磷酸二铵每亩各10千克,甲拌磷颗粒剂3千克,用锄锄匀。在沟底可喷洒精禾草克除草剂以防止杂草的滋生。开沟后先把葱苗按大小分级,然后用竹片开一扁洞,进行双行插栽,行株距0.05米,每亩栽3万株左右,深度以犁底为准,封土时注意上不埋

心。另外注意定植时大小苗不能混栽。大葱定植行距因品种、产品标准不同而异。

6. 田间管理

(1)浇水追肥。定植后一般不浇水施肥,促进根系发育,定植15天内原则不浇水,夏季还要注意雨后排涝;8月上中旬天气转凉,浇2~3次水,追1次攻叶肥,每亩施优质腐熟厩肥1 000~1 500千克,尿素15千克,过磷酸钙25千克于沟脊上,中耕混匀,锄于沟内,而后浇1次水;处暑以后直至霜降前,大葱进入生长盛期,这个时期需水量增加,每4~5天浇1次水,而且水量要大,应追2次攻棵肥。一次是在8月底,按每亩施腐熟的农家肥5 000千克,加硫酸钾15千克,可施于葱行两侧,中耕以后培土成垄,浇水。第二次于9月中旬,在行间撒施尿素15千克,硫酸钾25千克,浅中耕后浇水。霜降以后气温下降,大葱基本长成,进入假茎(葱白)充实期,植株生长缓慢,需水量减少,保持土壤湿润,使葱白鲜嫩肥实。收获前5~7天停水,便于收获贮运。如果一年三茬栽培时,第二茬、第三茬在水分管理上应以灌水为主,一般不让出现表土发白现象,第一茬在水分管理上应以排水为主,坚决避免沟内积水;第一茬的大葱生长期处于高温多雨季节,每次施肥不宜过多,施肥以薄肥勤施为原则。

(2)培土。大葱在加强肥水供应的同时进行培土,可以软化假茎,增加葱白长度,提高大葱的品质。当大葱进入旺盛生长期后,及时通过行间中耕,分次培土,使原来的垄台成垄沟,垄沟变垄台。将土培到叶鞘和叶身的分界处,勿埋叶身,以免引起叶片腐烂。从立秋(8月上旬)到收获,一般培土3~4次。培土应注意两点:培土高度一般一次为3~4厘米;培土时要做到上不埋心。时间以每天的下午为好。时期以葱白露出3厘米左右时进行。

7. 收获贮藏

大葱可以根据市场需要,随时收获上市,9~10月份就可以鲜葱上市,但上市的大葱不能久贮。一般越冬干贮大葱,要在晚霜以后收获。收获后要适当晾晒。贮存要掌握宁冷勿热的原则。在自然条件下,露天贮存最好在 1～3℃条件下,可随时出售。

(三)大蒜无公害栽培技术

大蒜又称蒜、胡蒜,百合科葱属一二年生草本植物,原产于亚洲西部的高原地区,在我国已有 2 000 多年的栽培历史,是重要的香辛类蔬菜,在我国南北方均普遍栽培。大蒜以蒜头、蒜薹和幼株供食用,产品器官中含有大蒜素和大蒜辣素等物质,具有辛辣味,除鲜食外,还可腌制,加工成酱、汁、油、粉、饮料、脱水烘干等制品,蒜薹可冷藏。

1. 大蒜无公害栽培的茬口安排

确定栽培季节要根据大蒜不同生育阶段对环境条件的要求及各地区的气候条件进行。一般在北纬 35°以南,冬季不太寒冷,幼苗可安全露地越冬,多以秋播为主;北纬 38°以北地区,冬季严寒,宜在早春播种;而在 35°～38°之间的地区,春秋均可播种。

大蒜播种期受季节,主要是土壤封冻与解冻日期的严格制约。一般要求秋播的适宜日均温度为 20～22℃,土壤封冻前可长出 4～6 片叶;春播地区以土壤解冻后,日均温度达 3.0～6.2℃时即可播种。秋播大蒜的幼苗期长期处在低温条件下,不必顾虑春化条件,因而花芽、鳞芽可提早分化。而春播大蒜的幼苗期显著缩短,应尽量早播,以满足春化过程对低温的要求,促进花芽、鳞芽分化。

2. 大蒜无公害栽培的品种选择

选用优质、丰产、抗逆性强的品种。秋播大蒜应选抗寒力强、休眠期短的品种;春播大蒜应选冬性弱、休眠期长的品种。如四川温江"红七星"、"日本大白光"、"山东苍蒜"、"四川红皮蒜"。

3. 产地选择与整地

(1)产地选择。产地田块应平整,土壤应无污染或经无害化处理,排灌方便,耕作层深厚,结构适宜,理化性状良好,以沙壤土或壤土为宜,土壤有机质含量应在 2%以上,pH 值在 6.0～7.0 之间。不与大葱、大蒜、洋葱、韭菜等百合科蔬菜连作,种植过葱、韭、蒜的田块必须间隔 3 年以上方可种植大蒜。前茬以选择粮食作物、油菜、豆类、瓜类、番茄、马铃薯茬为最好。

（2）整地作畦。土壤耕翻后耙细整平,按照当地种植习惯做平畦、高畦或高垄。平畦宽1～2米;高畦宽60～70厘米,高8～10厘米,畦间距30～35厘米;高垄宽30～40厘米,高8～10厘米,垄间距20～25厘米。整地时每亩施入腐熟的有机肥3 000～3 500千克,过磷酸钙50千克,大蒜专用复合肥30千克,肥料与土壤要混合均匀。

4. 选种与种瓣处理

选择纯度高、蒜瓣肥大、色泽洁白、顶芽粗壮（春播）、基部见根的突起、无病斑、无损伤的蒜瓣。严格剔除发黄、发软、虫蛀、顶芽受伤及茎盘变黄、霉烂的蒜瓣,然后按大、中、小分级。选种时剥皮去踵（干缩茎盘）,促进萌芽、发根。将选好的种蒜用清水浸泡1天,再用50％多菌灵可湿性粉剂500倍液浸种1～2小时,捞出沥干水分播种。播种前将瓣种在阳光下晒2～3天,提高出苗率。

5. 播种

（1）播种时间。北纬38°以北地区,适宜早春播种,播种时间为日平均温度稳定在3～6℃时。北纬35°以南地区,适宜秋季播种,播种时间为日平均温度稳定在20～22℃时。北纬35°～38°之间地区,春、秋均可播种。

（2）播种密度及用种量。根据栽培目的、品种特性、气候条件及栽培习惯确定播种密度。平畦栽培,行距16～20厘米,株距8～14厘米;高畦、高垄栽培,行距12～14厘米,株距8～10厘米。每亩播种25 000～60 000株,用种量100～150千克。

（3）播种方法。①开沟播种。平畦、高畦栽培,先在栽培畦一侧开沟,深3～4厘米,按株距播种,再按行距开第二条沟,用沟土覆盖第一条沟,依此顺序进行。播完后耙平畦面,浇水。②高垄栽培,在栽培垄上开沟,深3～4厘米,干播时,先按株距播种,覆土后浇水;湿播时,先在沟中浇水,待水渗下后按株距播种,覆土。

6. 田间管理

大蒜播种后保持土壤湿润,促进幼苗出土,一般7～10天可出土。幼苗出土因覆土太浅而发生跳瓣现象时,应及时上土。大蒜出土后,应采取中耕松土提温的方法,对畦面进行多次中耕。苗高7厘米左右,2叶1心时进行第1次中耕,长至4叶1心时进行第2次中耕,此时已进入大蒜退母期,叶尖出现黄化现象,因而,应结合中耕前的浇水进行施肥,以防因营养不足而影响植株生长。

蒜薹伸长期继续进行大肥、大水管理,促秧催薹,5～6天浇1次水,隔两水就要施1次肥,每次每亩施硫酸钾或复合肥10～15千克,或腐熟的优质大粪干1 000千克。蒜薹采收前3～4天停止浇水,使植株稍现萎蔫,以免蒜薹脆嫩易断。

采薹后鳞茎迅速膨大,应追施促头肥。每亩施腐熟的豆饼50千克或复合肥15～20千克,并立即浇水,以延长叶片及根系寿命,并促进贮藏养分向鳞茎转移,以后4～5天浇水一次,直至收获前5～7天停止供水,使蒜头组织老熟。

7. 采收

(1)采收蒜薹。蒜薹弯曲呈钩形,总苞颜色变白,蒜薹近叶鞘上有4～5厘米长变为淡黄色时是采收适期。采收蒜薹宜在晴天的中午或下午,采用提薹法,一手抓住总苞,一手抓住薹上变黄处,双手均匀用力,猛力提出蒜薹。收获时注意保护蒜叶,防止植株损伤。

(2)蒜头收获。采薹后20天左右,大蒜的叶片变为灰绿色,底叶枯黄脱落,假茎松软,蒜瓣充分膨大后,就应及时收获。收获后运至晒场,成排放好,使后一排的蒜叶搭至前排蒜头上,只晒蒜叶不晒蒜头。晾晒时要进行翻动,经2～3天,进行编辫,继续晾晒,待外皮干燥时即可挂藏。

·项目四　常见蔬菜病虫害无公害防治技术

　　病虫害的无公害防治应从农田的整个生态系统出发,综合运用各种防治措施,创造不利于病虫害孳生和有利于天敌繁衍的环境条件,保持蔬菜栽培环境的生态系统平衡和生物多样性,减少各类病虫害所造成的损失。

一、蔬菜病虫害无公害防治的主要技术措施

(一)加强植物检疫和病虫害的预测预报

　　植物检疫是病虫害防治的第一环节,加强对蔬菜种苗的检疫,未发病地区应严禁从疫区调种和调入带菌种苗,采种时应从无病植株采种,可有效地防止病害随种苗传播和蔓延。各种蔬菜病虫害的发生,都有其固有的规律和特殊的环境条件,要根据蔬菜病虫害发生的特点和所处环境,结合田间定点调查和天气预报情况,科学分析病虫害发生的趋势,及时做好防治工作。实践证明,加强蔬菜病虫害预测预报工作,是发展无公害蔬菜栽培的有效措施。

(二)农业综合防治

1. 选用优良抗病、抗虫品种

　　针对当地的生态环境特点和病虫害发生情况,选择抗病虫力及抗逆性强、商品性好的丰产品种,以避免某些重大病虫害发生。如番茄毛粉820有避蚜虫和防病毒病能力,黄瓜津春4号可抗白粉、霜霉病。

2. 轮作倒茬

　　栽培中实行2～4年以上轮作、倒茬和间、混套作,使病原菌和虫卵不能大量积累,以起到控制病虫发生的作用。

3. 加强田间管理

　　(1)种子消毒处理。对蔬菜种子进行播前消毒处理,减少种子带菌;定植前清除病株杂草,并进行土壤消毒,减少病虫基数;使用

嫁接苗防治土传病害。

(2)培育壮苗。适时播种,合理密植,及时中耕,提高植株的抗病性,培育出健壮的幼苗。

(3)合理施肥。

①增施有机肥。同种类肥料对蔬菜体内硝酸盐积累的影响肥料中硝酸盐含量顺序为:生物菌肥＜高温堆肥＜当地沤肥＜化肥。在蔬菜无公害栽培中尽量增施有机肥,施用有机肥是无公害蔬菜栽培的基本施肥原则,增施充分腐熟的有机肥,可提高土壤有机质含量,增强土壤对污染物的吸附能力,有效遏制镉、铅对蔬菜作物的毒害;同时,增施有机肥,减少化肥用量,能够在达到高产的前提下,更能降低硝酸盐的含量,使硝酸盐含量降低45％左右。有试验表明,芹菜施有机肥的硝酸盐含量为744毫克/千克,而施化肥的硝酸盐含量高达1 480毫克/千克。另外,有机肥具有较强的酶活性,可以增加有益微生物群落,又为微生物活动提供能源和营养。

②不施硝态氮肥。蔬菜种植不宜施用硝态氮肥。硝态氮肥施入土壤后会产生大量的硝酸根离子,硝酸根离子正是蔬菜生长需要的,这就增加了蔬菜中硝酸盐的含量,硝酸盐含量高的蔬菜被人食用后易引起人体血红蛋白变性,使心脏、脑等器官缺氧,同时进入人体胃肠中的硝酸盐会转化成亚硝酸盐,它是一种毒性很强的物质和致癌物。因此,蔬菜种植应多施铵态氮肥如尿素、碳酸氢铵等,少施硝态氮肥如硝酸铵和含有硝态氮的复合肥料。

③化肥要深施早施。深施可以减少氮素挥发、延长供肥时间,提高氮素利用率。早施则利于植株早发快长,延长肥效,减轻硝酸积累。一般铵态氮肥施于6厘米以下土层,尿素施入10厘米以下土层。

④增施磷、钾肥。施用磷肥,可为蔬菜提供磷素养分,还能抑制重金属镉、铅、锌、砷的活性,降低毒性,减轻危害;增施钾肥,可降低蔬菜中硝酸盐的积累,提高蔬菜品质。钾素也称"品质元素",蔬菜施用钾肥后,果实中维生素C和糖分的含量明显提高,同时贮藏耐久性能也提高。

（4）提高管理技术，创造蔬菜适宜生长环境。对茄果类蔬菜及时搭架整枝，以利田间通风透光，摘除老叶、病叶，带出田外集中销毁，减少病源；采用二层幕、小拱棚、遮阳网等设施调节棚内温度，创造适于蔬菜生长的环境条件；采用膜下滴灌降低空气湿度，减少病害的传播；尽量采用昆虫授粉和人工辅助授粉的方法来提高坐果率，减少坐果激素的使用；及时采收，轻拿轻放，防止因机械损伤而造成采后的产品污染。

（5）采用设施栽培。

①地膜覆盖地膜有透明膜、双色膜、黑膜、彩色膜。我国目前应用较多的是透明膜和双色膜。双色膜一面为黑色，另一面为银灰色，适合于秋季使用，黑色的一面向下，有效地防止杂草生存；银灰色一面向上，主要是防治蚜虫，预防病毒病发生。

②遮阳网覆盖遮阳网还能减缓风雨袭击，保护蔬菜幼苗。冬季防止霜冻，日平均气温增加 2～3℃，气温越低，增温效应越明显，同时对蔬菜立枯病、番茄青枯病、黄瓜细菌性角斑病、辣椒病毒病等具有一定的防治作用。

③防虫网覆盖黑色防虫网既可防虫，又能恰当地遮光；银灰色防虫网更兼有避蚜虫效果，主要在夏秋季节虫害发生高峰期使用，可使蔬菜不受害虫侵蚀或少受侵蚀，达到不用药或少用药的目的，是推广无公害蔬菜的有效设施。

（三）生物防治

利用天敌昆虫、昆虫致病菌、农用抗生素及其他生防制剂等控制蔬菜病虫害，可以直接取代部分化学农药的应用，减少化学农药的用量。生物防治不污染蔬菜和环境，有利于保持生态平衡和绿色食品业的发展。

1. 以虫治虫

（1）利用广赤眼蜂防治棉铃虫、烟青虫、菜青虫。赤眼蜂寄生害虫卵，在害虫产卵盛期放蜂，每亩每次放蜂 1 万头，每隔 5～7 天放 1 次，连续放蜂 3～4 次，寄生率 80% 左右。

（2）用丽蚜小蜂防治温室白粉虱。此虫寄生在白粉虱的若虫和蛹体内,寄生后害虫体发黑、死亡。当番茄每株有白粉虱 0.5～1 头时,释放丽蚜小蜂"黑蛹"每株 5 头,每隔 10 天放 1 次,连续放蜂 3 次,若虫寄生率达 75%以上。

(3)用烟蚜茧蜂防治桃蚜、棉蚜。每平方米棚室甜椒或黄瓜,放烟蚜茧蜂寄生的僵蚜 12 头,初见蚜虫时开始放僵蚜,每 4 天 1 次,共放 7 次。放蜂一个半月内甜椒有蚜率控制在 3%～15%之间,有效控制期 52 天;黄瓜有蚜率在 0～4%之间,有效控制期 42 天。

2. 以菌治虫

(1)用细菌农药苏云金芽孢杆菌防治菜青虫、棉铃虫等鳞翅目害虫的幼虫。防治菜青虫可在卵孵盛期开始喷药,每亩用苏云金芽孢杆菌可湿性粉剂 25～30 克或苏云金芽孢杆菌乳剂 100～150 毫升;7 天后再喷 1 次,防治效果达 95%以上;防治棉铃虫可在 2、3 代卵孵化盛期开始喷药,隔 3～4 天喷 1 次,连续喷 2～3 次,每次每亩用苏云金芽孢杆菌可湿性粉剂 50 克或苏云金芽孢杆菌乳剂 200～250 毫升,防效达 80%以上;防治小菜蛾可在幼虫 3 龄前,每亩用可湿性粉剂 40～50 克,或乳剂 200～250 毫升,每 5～7 天喷一次,连续喷 2～3 次,防治效果 90%以上;防治甜菜夜蛾可在卵期及低龄幼虫期,早晚喷药防治,每亩用可湿性粉剂 50～60 克,或乳剂 250～300 毫升,防治效果达 80%以上。

(2)用苏云金芽孢杆菌与病毒复配的复合生物农药威敌防治菜青虫、小菜蛾,每亩用量 50 克,防治效果达 80%以上。十字花科蔬菜苗期防治 1 次,定植后每隔 3～4 天喷药 1 次,连续防治 3 次。以后每隔 7 天喷 1 次,蔬菜全生长期需防治 8 次。

(3)用座壳孢菌剂防治温室白粉虱。北京市农林科学院研究的以玉米粉为主要培养基培养繁殖座壳孢菌的菌剂,对白粉虱若虫的寄生率可达 80%以上。

3. 以抗生素治虫

(1)10%浏阳霉素乳油 对螨触杀作用较强,残效期 7 天,对天敌安全。用 1 000 倍液在叶螨发生初期开始喷药,每隔 7 天喷 1

次.连续防治 2～3 次,防效可达 85%～90%。

(2)1.8%阿维菌素乳油 对叶螨类、鳞翅目、双翅目幼虫有很好的防治效果。用 1.8%阿维菌素乳油,每亩 5～10 毫升稀释 6 000 倍,每 15～20 天喷 1 次,防治茄果类叶螨效果在 95%以上;每亩用15～20 毫升,防治美洲斑潜蝇初孵幼虫,防治效果达 90%以上,持效期 10 天以上。同样用量稀释 3 000～4 000 倍,防治一二龄小菜蛾及二龄菜青虫幼虫,防治效果在 90%以上。

4. 以抗生素治病

(1)武夷菌素 用 2%武夷菌素水剂 150 倍液防治瓜类白粉病、番茄叶霉病、黄瓜黑星病、韭菜灰霉病,病害初发时喷药,间隔 5～7 天喷 1 次,连续防治 2～3 次,有较好的防治效果。

(2)嘧啶核苷类抗菌素 2%嘧啶核苷类抗菌素的 150 倍液灌根防治黄瓜、西瓜枯萎病,每株灌药 250 毫升,初发病期开始灌药,间隔 7 天,连灌 2 次,防治效果达 70%以上;150 倍液喷雾防治瓜类白粉病、炭疽病,番茄早疫病、晚疫病及叶菜类灰霉病,有较好的防治效果。

(3)农用链霉素、新植霉素 用 4 000～5 000 倍液喷雾防治黄瓜、甜椒、辣椒、番茄、十字花科蔬菜细菌性病害,效果很好。

(4)以病毒制剂防治茄果类蔬菜病毒病 中国科学院研制的弱毒疫苗 N14 可以防治由烟草花叶病毒侵染引起的番茄、甜椒病毒病,同时有刺激生长、促进果实早熟增产作用。具体方法是在番茄、甜椒 1～2 片真叶分苗时洗去幼苗根部的土,浸在弱毒疫苗 100倍液中,30 分钟后分苗移植;也可在每 100 毫升稀释好的弱毒疫苗 N14 液中,加入 0.5 克 400～600 筛目的金钢砂,用手指蘸取加了金钢砂的稀释液,食指和大拇指夹住叶片轻抹一遍,金钢砂可使幼苗叶表面造成细微的伤口,利于接种疫苗。还可用 9 根 9 号缝衣针绑在竹筷头上,蘸稀释液后轻刺叶面接种。

利用无毒害的天然物质防治病虫害,如草木灰浸泡液可防治蚜虫,米醋对水可防治茄果类病毒病和大白菜软腐病。

5. 物理防治

通过调节温度、光照等物理措施或利用人工和器械杀灭害虫。

（1）温度　如利用高温杀灭种子表面的病菌或地下及棚室内的病虫。如温汤浸种，用 55℃ 左右的温水处理 10～15 分钟或对一些种皮较厚的大粒种如豆类，在沸水中烫数秒钟捞起晒干贮藏不会生虫。用温度 70℃ 的干热处理茄果类、瓜类可使病毒钝化。

夏季用高温闷棚，即将大棚土壤深翻，关闭大棚或在露地用薄膜覆盖畦面可使棚、膜内温度达 70℃ 以上，从而自然杀灭病虫而无污染。农村传统的深挖炕垡，用枝叶、杂草烧烤土壤，冬季利用冰雪覆盖也可以杀灭土中的病虫。

（2）光　利用不同的光谱、光波诱杀或杀灭病虫，常用的有黑光灯、频振式灯、紫外线等。即利用一些昆虫特有的趋光性，在田间设置一定数量的灯具来诱杀，如菜蛾、灯蛾、棉铃虫、跳甲、叶蝉、蝼蛄等多种害虫。紫外线可杀灭病菌。

（3）电　主要是在仓库、田间用低压电网触杀鼠类、蝇、蚊等有害生物，但要慎用，以防伤害人畜。

（4）声　模仿一些天敌的声音，在一定时间录放以驱赶如麻雀、鼠类等。

（5）色　利用一些害虫对不同颜色的感应进行诱集或驱赶。如：用银灰色的薄膜覆盖番茄、辣椒可驱赶有翅蚜虫，从而减少病毒病的危害；用黄色的塑料板涂上黏性的油类，可诱杀对黄色有趋性的蚜虫、斑潜蝇、白粉虱等，效果很好。

（6）味　地老虎、种蝇等对酸甜味有趋性，可用糖醋液（按糖∶醋∶水1∶2∶20）再加入 0.1% 的敌百虫，放在菜田内可诱杀其成虫；棉铃虫、烟青虫成虫喜欢在杨树枝上栖息产卵，可用杨树枝扎成小把插在田间，早上再用布袋将杨树枝收集烧毁。黄蚂蚁喜危害茄科作物的根茎部分，而对葱韭类则避而远之，所以可在茄子根旁种一株大葱或韭菜，黄蚂蚁则不敢来危害。另外，蚂蚁喜油腥味，可用牛羊骨头诱集后杀灭之。

（7）器械及人工捕捉

①防虫网。在南方害虫危害的地区，可推广使用防虫网，还兼有遮强光防暴雨的作用。一般使用 24～30 目的防虫网就可防止

如小菜蛾、菜青虫、斜纹夜蛾、甜菜蛾以及蚜虫、潜叶蝇等害虫的侵入。

②高脂液膜。用高级脂肪制成的溶剂,按一定比例喷洒在蔬菜表面形成一层保护膜,防止病菌侵入组织。如:用200倍液可防番茄叶枯病及白菜霜霉病,50倍液防黄瓜白粉病等;同时还可提高移栽秧苗的成活率,又有抗寒、抗旱的作用。

③人工捕捉。在害虫发生初期,有些害虫暴露明显,可及时人工捕捉。有些产卵集中成块或刚孵化取食时,应及时摘除虫叶销毁,在成虫迁飞高峰期可用网带捕捉杀灭。

二、蔬菜常见病虫害无公害防治技术

(一)瓜类蔬菜常见病虫害的无公害防治技术

1. 瓜类蔬菜常见病害

(1)黄瓜霜霉病

①症状。该病在苗期、成株期均可发病。主要危害叶片。叶片被害初期出现水渍状的斑点,早晨尤为明显,病斑逐渐扩大,受叶脉限制,呈多角形淡褐色或黄褐色斑块,湿度大时叶背面或叶面长出灰黑色霉层,即病菌孢囊梗及孢子囊。后期严重时,病斑破裂或连片,叶缘卷缩干枯,严重的地块一片枯黄,俗称"跑马干"、"黑毛"(图4-1)。

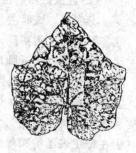

图4-1 黄瓜霜霉病

②防治方法。选用抗病品种。如津研、津杂、津春系列黄瓜品种,均较抗病害。

高温闷棚法:闷棚时必须注意温度与湿度的关系,闷棚前先浇水,然后闷棚升温至45℃(2小时内)。闷棚过程中要注意控制好温度,温度过高黄瓜植株受害,温度过低达不到杀菌的效果。

③生态防治。所谓生态防治是利用黄瓜与霜霉菌生长发育对环境条件要求不同,利于黄瓜生长发育,抑制病原菌的方法达到防

病目的。一般上午棚温可控制在25～28℃,最高不超过32℃,相对湿度降低到70%;下午温度降至18～25℃,相对湿度降至60%～70%;夜间温度上半夜控制在15～18℃,下半夜最好控制在12～13℃,实行四段管理,既可满足黄瓜生长发育需要,又可有效地控制霜霉病的发生。

④药剂防治。近年来常采用烟熏剂和粉尘剂。烟雾法:在发病初期,每亩用45%百菌清烟剂200克,分放在棚内4～5处,暗火点燃,闭棚熏4～6小时后通风换气,隔5～7天再熏1次,可连续使用2～3次。粉尘法:于发病初期傍晚用喷粉器喷撒5%百菌清粉尘剂或10%多百粉尘剂或10%防霜灵粉尘剂每亩每次1千克,隔9～11天喷1次。喷雾法:发现中心病株后可选用70%乙膦铝·锰锌可湿性粉剂500倍液,或72.2%霜霉威水剂800倍液,或58%甲霜灵锰锌可湿性粉剂500倍液,隔7～10天用药1次。

(2)黄瓜白粉病

①症状。该病主要发生在叶片上,其次危害叶柄和茎,一般不危害果实。发病初期,在叶正面和背面及幼茎上产生白色近圆形的小粉斑,以叶正面为最多,然后向四周扩展,成为边缘不明显的连片白粉斑。严重时,整个叶片布满白粉,俗称"白毛"。白色粉状物就是寄生在寄主表面的菌丝、分生孢子梗及分生孢子。叶背面也长粉斑,常由叶缘沿叶脉向内扩展蔓延。白粉病一般从植株下部叶片向上部叶片发展(图4-2)。

图4-2 黄瓜白粉病

②防治方法。加强棚室消毒:在定植前采用硫磺粉杀菌,每100平方米用硫磺粉250克、锯末500克,点燃密闭熏蒸1夜,次日打开门窗通风。

药剂防治:发病初期,可喷20%粉锈宁乳剂1 000倍液,或15%粉锈宁可湿性粉剂800倍液,或40%多硫胶悬剂800倍液,或45%硫磺胶悬剂500倍液,隔10～15天喷1次,连续喷2次。为了避免病菌对药剂产生抗药性,可轮换使用农药,提高防治效果。

(3)黄瓜细菌性角斑病

①症状。在叶片上最初产生水渍状淡褐色的病斑。后期病斑中间干枯、脱落、形成穿孔。在叶背面病斑受叶脉的限制,呈多角形。当空气潮湿时出现白色的细菌黏液。此病害容易和霜霉病混淆,两者最大区别在于霜霉病病斑大,后期不穿孔(图 4-3)。

②防治方法。选用抗病品种如津春一号,强化育苗环节管理。

图 4-3 黄瓜细菌性角斑病

种子消毒:播种前进行种子处理,用100 万单位硫酸链霉素 500 倍液浸种 2 小时,捞出种子浸入清水中3 小时后催芽播种。

采用无病土育苗,播种前要对土壤进行消毒处理。田间随时清除病叶并深埋。

③药剂防治。可选用 30%DT 杀菌剂 500 倍液,或 50%代森铵 1 000 倍液,或 5%百菌清粉尘剂,每亩每次用药 1 千克。药液要喷洒均匀、周到,以提高防治效果。

(4)黄瓜炭疽病

①症状。炭疽病在黄瓜整个生长期都可以侵染。幼苗发病,子叶边缘出现褐色圆形或半圆形病斑,近地面茎基部变为黑褐色,病斑逐渐缢缩,瓜苗猝倒。成株期发病,叶片上初期为水渍状近圆形褐色病斑,几个病斑很快连结在一起,呈不规则的大病斑,变为红褐色,上面轮生许多小黑点,空气潮湿时出现粉红色黏稠物,空气干燥时开裂穿孔脱落;茎和叶柄上的病斑为椭圆形、梭形、深褐色,稍凹陷;果实的病斑为圆形、褐色,稍凹陷,中部开裂,后期有粉红色的黏稠物(图 4-4)。

②防治方法。轮作要和非瓜类作物实行 3 年以上轮作,对苗床选用无病土或进行苗床土壤消毒,减少初侵染源。采用地膜覆

盖可减少病菌传播机会,减轻危害。生态
防治要严格控制棚室温湿度。采取通风排
湿,使棚内湿度保持在70%以下,可减少叶
面结露和吐水,抑制病害发生。

③药剂防治。大棚及温室尽可能采用
烟熏剂和粉尘剂。常用药剂有45%百菌清
烟剂,每亩每次用300克,隔9～11天熏1
次,连续或交替使用,也可于傍晚喷撒克霉

图4-4 黄瓜炭疽病

灵粉尘剂,或5%百菌清粉尘剂,每亩每次1千克,隔7天喷1次,
连喷3～4次。农药应交替使用,并结合放风,降低湿度。

(5)黄瓜枯萎病

①病状。黄瓜整个生长期都能发
病,但幼苗期发病较少,以结瓜期发病
最多,感病植株生长缓慢,由下而上出
现典型的萎蔫状。发病初期下部叶片
的叶脉褪绿,出现网状鲜黄色病斑,并
逐渐向上部叶片蔓延。植株白天萎蔫,
夜间恢复正常,后期病株全部叶片萎蔫
下垂,似缺水状。病株茎中下部表皮干
枯纵裂,潮湿时产生粉红色霉层,并流
出琥珀色胶质物。纵切根部可见维管
束变褐。从发病到全株枯死需5～10
天左右(图4-5)。

图4-5 黄瓜枯萎病

②防治方法。选用抗病品种:津杂及津春系列品种对枯萎病
有较强抗性。轮作是防治黄瓜枯萎病的基本措施。发病严重的温
室或大棚,要与非瓜类作物轮作,但由于病菌在土壤内存活时间较
长,只能缓解或减轻枯萎病的发生。

③采用无病土育苗:用新土或消毒土壤作营养土育苗,对预防
枯萎病发生有一定的作用。

④嫁接防病:由于黄瓜枯萎病有明显的寄生专化性,一般对南

瓜侵染力较差。把黄瓜嫁接在南瓜上,利用南瓜的根系达到抗病以至免疫的防病效果。

⑤药剂防治:播种前对发病严重的地块进行药剂处理,可用多菌灵或敌克松以1:50配成药土,按每亩用药2~2.5千克处理土壤。发病初期可用甲基硫菌灵500倍液或70%敌磺钠1 000倍液在植株病根周围浇灌,每株使用药液250毫升,每隔7天灌根1次,连灌3次。或用高锰酸钾800~1 500倍液,每隔7天灌1次,连灌3次,每次每株灌药100毫升。或用敌克松原粉10克与200克面粉调配成糊状,涂于病株茎基部,防病效果甚佳。

(6)黄瓜疫病

①症状。黄瓜整个生育期均可染病,保护地栽培主要危害茎基部、叶及果实。苗期得病多从嫩尖开始,初呈暗绿色水渍状萎蔫,逐渐干枯呈秃尖状,不倒伏。叶片染病,出现圆形的暗绿色小斑点,或不规则的水渍状大病斑,边缘不明显,空气湿度大时全叶腐烂;成株期以茎基部发病较多,呈暗绿色,水渍状,病部明显缢缩,其上部叶片逐渐萎蔫,很快全株枯死;果实染病,多从花蒂部发病,病斑暗绿色,水渍状,近圆形,凹陷,瓜条皱缩表面有灰白色的霉状物。

图4-6　黄瓜疫病

黄瓜疫病与枯萎病最大区别在于茎基部维管束不变色(图4-6)。

②防治方法。选用抗病、耐病品种:如津杂系列的津杂3号、4号,及津春系列品种。嫁接防病:可用云南黑籽南瓜或南砧1号作砧木与黄瓜嫁接,同时防治疫病和枯萎病。

③土壤消毒。苗床或大棚土壤分别进行土壤消毒。每平方米苗床用25%甲霜灵可湿性粉剂8~10克与细土拌匀撒在苗床上;大棚于定植前用25%甲霜灵可湿性粉剂750倍液喷洒地面。

④药剂防治。发现病株后立即拔掉焚烧并及时用药,所用药剂与防治霜霉病药剂相同。喷洒或浇灌的药剂有:70%乙膦铝·

锰锌可湿性粉剂500倍液,72.2％普力克水剂600～700倍液,58％甲霜灵·锰锌可湿性粉剂500倍液,64％噁霜·锰锌可湿性粉剂500倍液,50％甲霜铜可湿性粉剂600倍液。或用25％甲霜灵可湿性粉剂800倍液加40％福美双可湿性粉剂800倍液灌根,隔7～10天1次,病情严重时可缩短至5天,连续防治3次。

（7）黄瓜灰霉病

①症状。黄瓜灰霉病主要危害幼瓜、叶、茎。病菌多从开败的雌花侵入,致花瓣腐烂,并长出淡灰褐色的霉层,进而向幼瓜扩展,瓜顶部呈水渍状,腐烂,表面密生霉层。较大的瓜被害时,组织先变黄并生灰霉,后霉层变为淡灰色,被害瓜受害部位停止生长、腐烂或脱落。叶片一般由脱落的腐烂花或病卷须附着在叶面引起发病,形成近圆形或不规则形边缘明显的大病斑,表面着生少量灰霉。腐烂的瓜或花附着在茎上时,能引起茎部的腐烂。

②防治方法。加强栽培管理:控制设施内环境湿度,加强通风换气;发病初期及时摘除病花、病叶以减少再侵染病原。药剂防治:采用烟雾法、粉尘法及喷雾法交替轮换的施药方法,控制灰霉病的发生与流行。烟雾法,可用10％的腐霉利烟剂或45％百菌清烟剂,每亩每次用药250克,熏3～4小时。粉尘法,在傍晚喷撒5％百菌清粉尘剂或10％杀霉灵粉尘剂,每亩每次用药1千克。喷雾法,发病初期喷5％腐霉利可湿性粉剂2 000倍液。适用于苗期喷药防治的农药有:75％百菌清1 000倍液喷雾,可防治猝倒病、灰霉病和疫病;70％甲基硫菌灵喷雾,可防治枯萎病、霜霉病或灰霉病等。

（8）西葫芦病毒病

①发病症状。在西葫芦整个生育期均可发病,主要危害叶片和果实。发病时叶上有深绿色病斑,重病株上部叶片畸形、变小,后期叶片黄枯或死亡,病株结瓜少或不结瓜,瓜面呈瘤状突起或畸形(图4-7)。

图4-7　西葫芦病毒病

②发病规律。病毒病由黄瓜花叶病毒(CMV)或甜瓜花叶病毒(MMV)等多种病毒单独或复合侵染所致。由棉蚜、桃蚜或汁液接触传染。高温干旱有利于发病。田间管理粗放,杂草多或邻近越冬菠菜、早播芹菜、莴苣等种植田,发病早且病害重。缺水、缺肥,植株抵抗力低,发病也会加重。一般露地西葫芦发病重于保护地西葫芦,保护地秋茬西葫芦重于春茬西葫芦。高温、干旱导致病害严重发生。

③防治方法。农业防治及时清洁田园,铲除杂草,培育壮苗。

苗期喷施83增抗剂100倍液,提高幼苗对病毒的抗性;发病初期喷施1.5%植病灵乳剂1 000倍液或20%病毒A可湿性粉剂500倍液,隔10天喷1次,连喷3次。

(9)西葫芦白粉病

①发病症状。发病初期在叶面及幼茎上产生白色近圆形小病斑,而后向四周扩展成边缘不明晰的连片白病斑,严重时整个叶片布满白粉。发病后期菌丝老熟变为灰色,病斑上生出成堆的黄褐色小粒点,而后小粒点变黑。一般先从下部老叶发病,逐渐向上部叶片扩展。

②发病规律。病菌以菌丝体、分生孢子及有性世代的闭囊壳随病残体遗留在表土或在寄生植物上越冬,成为第2年的初侵染源。生长期间病部产生的分生孢子随气流传播,进行多次侵染,此菌传播蔓延很快。白粉病病菌分生孢子在10~30℃内都能萌发,而以20~25℃为最适宜,棚内湿度大,温度在16~24℃时,发病较重或大发生。当偏施氮肥造成植株徒长,或枝叶过密,通风不良,光照不足和遇阴雨天气时,均易发生白粉病并造成流行。

③防治方法。发病初期喷施20%三唑酮乳油2 000倍液和75%百菌清800倍液。如病害蔓延或加重,可选用百菌清、多菌灵、甲基硫菌灵等农药,混合配比成800~1 000倍液叶面喷施。

(10)西葫芦灰霉病

①发病症状。主要危害西葫芦的花和幼果,严重时危害叶、茎和较大的果实。发病初期花和幼果的顶部呈水浸状,随后逐渐软

化,进而使果实脐部腐烂,表面密生灰色霉层(图4-8)。有时还会长出黑色菌核。叶片发病多以落上的残花为发病中心,病斑不断扩展,形成大型近圆褐色病斑,表面附着灰褐色霉层。茎和叶柄染病后,常腐烂,易折断。

图4-8 灰霉病危害西葫芦果实

②发病规律。病原为半知菌亚门葡萄孢菌。病原菌在病残体上越冬,也可在土壤中越冬,借气流传播。病菌喜高湿和低温条件,温度在18～23℃,相对湿度在90%以上、弱光,适宜发病。保护地栽培,冬春连阴天多,气温低,再加上密度大,通风透光不良,湿度大,发病较重。

③防治方法。

农业防治:控制设施内湿度,可采用滴灌栽培或高畦地膜覆盖暗灌方式,加强通风透光排湿,及时清洁棚面尘土,增强光照强度;合理密植,防止徒长,适时摘除下部老叶、病残叶及花和果实;发病后及时摘除病花、病果、病叶,采收结束后彻底清除病残体并带出棚外深埋或烧掉。重病地块,在盛夏农闲时可深翻灌水。

药剂防治:发病初期可喷洒50%速克灵可湿性粉剂2 000倍液或50%扑海因可湿性粉剂1 000～1 500倍液。也可在傍晚喷撒10%杀毒灵粉尘剂,每亩用药11千克,隔10天喷1次,连续喷3次。

(11)西葫芦绵腐病

①发病症状。病果呈椭圆形,有水浸状暗绿色病斑。干燥条件下,病斑稍凹陷,扩展不快,仅皮下果肉变褐腐烂,表面生白霉。湿度大、气温高时,病斑迅速扩展,整个果实变褐软腐,表面布满白色霉层,致使瓜烂在田间。叶上初生暗绿色、圆形或不整形水浸状病斑,湿度大时病斑似开水煮过状。

②发病规律。病原菌为瓜果腐霉真菌。病菌卵孢子借雨水或灌溉水传播,侵害果实。露地西葫芦在夏季多雨季节易发病,地势低洼、地下水位高、雨后积水时病重。保护地西葫芦在灌水过多、

放风排湿不及时、温度高时发病重。

③防治方法。

农业防治：采用高垄栽培，提倡膜下浇水，避免大水漫灌。

药剂防治：发病初期可以喷14%络氨铜水剂300倍液，或50%琥胶肥酸铜（DT）可湿性粉剂500倍液，或72.2%霜霉威水剂400倍液，或25%甲霜灵可湿性粉剂800倍液，要重点喷布植株下部果实和地面，隔10天喷1次，连喷2～3次。

（12）苦瓜猝倒病

①发病症状。幼苗被病菌侵染后，茎基部先出现水渍状病斑，然后病斑迅速绕茎一周，变为褐色，病部变软，明显缢缩，病苗往往在子叶凋萎前猝倒。病部表皮极易脱落，维管束缢缩，变成像线一样细。潮湿时，病部附近长出白色棉絮状菌丝（图4-9）。

图4-9　苦瓜猝倒病

②防治方法。

选用抗病品种：栽培上可选用种都、大白苦瓜、东方青秀等较耐寒品种，或英引苦瓜、夏雷苦瓜等耐高温品种。

温水浸种：播前将种子放在55～58℃温水中浸泡，等自然冷却到室温后，再继续浸泡24小时，然后置于33～35℃条件下催芽，芽长3毫米时播种。

机械损伤：苦瓜种子皮厚且硬，出苗困难，在土壤中持续时间长易染病。播种时把种皮夹破可以增强发芽势，有利于培育壮苗。

土壤消毒：育苗前用40%甲醛200倍液浇灌苗床，闷棚7天后可以使用。

药剂防治：可用25%瑞毒霉可湿性粉剂800～1 000倍液，或60%噁霜·锰锌可湿性粉剂500倍液，或80%新万生可湿性粉剂600倍剂防治。发病初期喷雾或灌根，每7～10天1次，连喷2～3次。

（13）苦瓜白粉病

①发病症状。发病初期，叶子正面或背面出现近圆形的白色小粉斑，叶背较多，以后病斑逐渐扩大，成为边缘不明显的大片白

粉区(图4-10)。严重时叶片枯黄变脆，一般不脱落。白粉状物逐渐变成灰白色，最后整个叶片变成黄褐色干枯。病害多从下部叶片开始，逐渐向上部叶片蔓延。

图4-10 苦瓜白粉病

②防治方法。

农业防治：重视培育壮苗，合理密植，及时整枝打杈，改善通风透光条件，使植株生长健壮，提高抗病能力。底肥增施磷、钾肥，生长期间防止过量施用氮肥。

物理防治：初期采用27%高脂乳剂喷洒在叶片上，形成一层薄膜，以防治病菌侵入，还可造成缺氧条件使白粉病菌死亡。一般每5~6天喷1次，连喷3~4次。

生物防治：喷洒2%农抗120倍液，每隔6~7天喷1次。

药剂防治：可用15%三唑酮性粉剂1 500倍液，或20%三唑酮乳油2 000~3 000倍液，50%硫磺悬浮剂300倍液喷雾，上述药剂要交替使用。

2. 瓜类常见虫害的防治技术

(1)蚜虫　蚜虫全年都可以在黄瓜上发生，繁殖力很强，早春和晚秋完成1个世代需10天，夏季只需4~5天，1头雌成虫可产若蚜70头左右。

①危害特点。以成虫和若虫在叶背和嫩梢、嫩茎上吸食汁液。嫩叶及生长点受害，叶片卷缩，生长缓慢，严重时萎蔫死亡。老叶受害虽不卷曲，但提前干枯，严重时影响栽培，缩短结瓜期，造成明显减产。

②防治方法。由于蚜虫繁殖快，虫口密度大，防治必须及时彻底，否则药剂使用几天后，又会重新爆发。一般采用化学药剂防治，但蚜虫多着生在心叶及叶背皱缩处，药剂难于全面喷到，所以除要求在喷药时要周到细致外，在用药上应尽量选择兼有触杀、内吸、熏蒸三重作用的农药，如50%抗蚜威、25%溴氰菊酯3 000倍

液,棚室可用 80％敌敌畏乳油闭棚熏烟。

(2)红蜘蛛(朱砂叶螨)　红蜘蛛在高温季节 6～8 月危害严重,尤其是干旱年份易于大面积发生。

①危害特点。红蜘蛛危害作物以成虫、若虫、幼螨以其刺吸式口器群集在叶片背面吸食汁液,并结成丝网。初期叶面出现零星褪绿斑点,严重时白色小点布满叶片,使叶片变为灰白色,最后叶片干枯脱落,植株早衰,结瓜期缩短,造成减产。先危害下部叶片,而后从植株下部往上蔓延。

②防治方法。

农业防治:在整地时铲除田边杂草清除残枝败叶,烧掉或深埋,消灭虫源和寄主。温室育苗或大棚定植前进行消毒,消灭病菌及害虫。天气干旱时,注意浇水,增加田间湿度,抑制其发育繁殖。红蜘蛛危害主要发生在植株生长后期,因此后期田间管理不能放松。

药剂防治:常用药剂有 20％三氯杀螨醇乳油 1 000 倍液,或20％灭扫利乳油 2000 倍液,25％灭螨猛可湿性粉剂 1000～1500 倍液,仿生农药 1.8％农克螨乳油 2 000 倍液,效果好,持效期长,并且无药害。

(3)茶黄螨　茶黄螨又名嫩叶螨、白蜘蛛,分布普遍,食性较杂,可危害多种作物,虫体小,一般肉眼看不见,需要在放大镜或显微镜下观察。

①危害特点。成、幼螨集中在黄瓜幼嫩叶片刺吸汁液,尤其是尚未展开的芽、叶和花器。被害叶片增厚,僵直变小,叶背呈黄褐色油状光泽,叶缘向背面卷曲。嫩茎受害后,呈黄褐至灰褐色,扭曲,节间缩短。花器受害,花蕾畸形,严重时不能开花。抑制植株生长而造成减产。

②防治方法。搞好冬季苗房和栽培温室的环境清理工作:铲除棚室周围的杂草,收获后及时清除枯枝落叶,彻底消灭越冬虫源。

杜绝虫苗入室定植:移栽前用药剂普遍防治 1 次。

药剂防治:喷药重点是植株上部嫩叶、嫩茎、花器和嫩果,并注意轮换用药,防止产生抗药性。常用药剂有 73%克螨特乳油,或35%杀螨特乳油 1 000 倍液,或 5%噻螨酮乳油 2 000 倍液,或 50%三环锡可湿性粉剂 3 000 倍液,或 5%长死克乳油 1 000 倍液,或20%双甲脒 1 000 倍液喷雾。

(4)白粉虱　白粉虱又名小白蛾子,是温室和大棚的主要害虫。这种害虫很小,白色,翅面覆盖白蜡粉。繁殖力极强,一年可发生 10 代。除危害瓜类外还危害茄果类等作物。

①危害特点。成、若虫群集在植物叶背面吸食汁液,并分泌蜜露,堆积在叶面和果实上,往往诱发霉污病,影响叶片光合作用和呼吸作用。被害叶片褪绿、变黄,植株生长衰弱,甚至全株萎蔫死亡。

②防治方法。

农业防治:首先培育无虫苗,即冬春季育苗地块与栽培地块分开,育苗前彻底熏杀残余虫口,清理杂草和残株。并在通风口密封尼龙纱,控制外来虫源。其次避免黄瓜、番茄、菜豆混栽。

物理防治:白粉虱对黄色敏感,有强烈趋性,可在温室内设置黄板诱杀成虫。方法是利用废旧的纤维板或硬纸板,裁成 1 米×0.2 米长条,用油漆涂成橙黄色,再涂上一层废机油,每亩设置 20～30 块,置于行间,摆布均匀,高度可与株高相同。当白粉虱粘满板面时,及时重涂废机油,一般 7～10 天重涂 1 次。

药剂防治:用 10%噻嗪酮乳油 1 000 倍液对白粉虱有特效;25%灭螨猛乳油(又叫甲基克杀螨)1 000 倍液,对粉虱成虫、卵和若虫都有效;21%增效氰·马乳油 4 000 倍液、天王星(即联苯菊酯)2.5%乳油 3 000 倍液可杀成虫、若虫、假蛹,但对卵的效果不明显。

(5)潜叶蝇　潜叶蝇为杂食性害虫,主要寄主在丝瓜、黄瓜、冬瓜、白菜等作物上。属温度敏感型害虫,喜暖怕冷,生长发育适温为 20～30℃,以夏秋季危害最重,近年来有发展趋势。

①危害特点。幼虫潜食叶片上下表皮之间的叶肉,形成隧道,

隧道端部略膨大,随着虫体的增大,隧道也日益加粗,曲折迂回,没有一定方向,形成花纹形灰白色条纹,严重时在一个叶片内可有几十头幼虫,使全叶发白枯干。

②发生规律。潜叶蝇一年发生数代,世代重叠现象严重,在温室内世代更加混乱。潜叶蝇一般在4月中下旬开始发生,5~10月为发生盛期,危害严重。而影响其发生的主要因子是温度、湿度和食料。潜叶蝇幼虫发育期一般为3~8天,虫龄分3龄,在20℃下完成1代需14天。成虫白天活动,羽化后1~2天开始交尾产卵。

③防治方法。

农业措施:果实采收后,清除植株残体沤肥或烧毁,深耕冬灌,减少越冬虫口基数;农家肥要充分发酵腐熟,以免招引种蝇产卵。

药剂防治:产卵盛期和孵化初期是药剂防治适期,应及时喷药。可采用90%敌百虫或25%亚胺硫磷乳油1 000倍液,或拟菊酯类农药2 000~3 000倍液等,或成喹磷乳油1 000倍液防治。

(6)瓜实蝇

①危害症状。主要危害苦瓜,其成虫在幼瓜表皮上产卵,幼虫孵化后钻入果实内取食,使果实发育畸形,局部变黄至全瓜腐烂。

②防治方法。

诱杀成虫:用香蕉皮与90%敌百虫晶体(80:1)捣烂成糊状,涂于篱上或铁罐内挂于棚内,诱杀成虫。

加强田间管理:及时摘除被害的畸形黄瓜,深埋落瓜、烂瓜;给幼瓜套纸袋进行保护。

用灭杀毙6 000倍液,或4.5%高效氯氰菊酯2 000倍液等药剂喷施防治。采收前两星期停止用药,注意农药的残留期,确保无公害产品上市。

(二)茄果类蔬菜病虫害无公害防治技术

1.茄果类蔬菜常见病害防治技术

(1)番茄晚疫病

①病害特征。该病可危害番茄的叶片、叶柄、嫩茎和果实。多

由下部叶片先发病,从叶尖、叶缘开始,病斑初为暗绿色水渍状,渐变为暗绿色,潮湿时在病处长出稀疏的白色霉层;茎部受害,病斑由水渍状变暗褐色不规则形或条状病斑,稍凹陷,组织变软;嫩茎被害可造成缢缩枯死,潮湿时亦长出白色霉层。果实发病多在青果近果柄处,果皮出现灰绿色不规则形病斑,逐渐向四周下端扩展呈云纹状,周缘没有明显界限,果皮表面粗糙,颜色加深呈暗棕褐色,潮湿时亦长出白色霉层(图 4-11)。

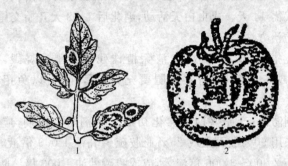

图 4-11　番茄晚疫病
1. 病叶　2. 病果

②发生规律。病菌主要在保护地的番茄病株上越冬。孢子囊通过风雨或气流传播,从茎的伤口、皮孔侵入,条件适宜时 3～4 天便发病,产生大量新的孢子囊,传播后可进行再侵染。晚疫病的流行要求低温(15～25℃)、空气湿度大(75%以上)、昼夜温差大,这种条件适于病菌孢子囊的萌发、侵染。在栽培栽培中地势低洼、土壤黏重、排水不良、过度密植、土壤瘦瘠或偏施氮肥、温室保温效果差的地块易发生此病。

③防治技术。农业防治:采用高畦深沟覆盖地膜种植,整平畦面以利排水,及时中耕除草及整枝绑架,薄膜覆盖保护栽培应特别注意通风降湿;合理密植,增加透光,浇水时严禁大水浇灌,采用小水勤浇,温室要勤通风,降低棚内湿度,防止高湿引发病害。增施优质有机肥及磷钾肥,增强植株抗性。

药剂防治:在苗期开始注意喷药防病,一般采用 64%杀毒矾可湿性粉剂(或者大生 M－45 可湿性粉剂)500 倍液每 7～10 天喷施；也可用58%雷多米尔锰锌可湿性粉剂500倍液或者72.2%普力克水剂800倍液喷雾，7～10天喷1次，连续4～5次。及时发现和拔除中心病株，然后用58%甲霜灵－锰锌可湿性粉剂500倍液，或58%瑞毒霉锰锌可湿性粉剂600倍液，或72%杜邦克露可湿性粉剂1000倍液喷洒，每7天喷1次，连喷2～3次；另外采用杀毒矾混小米粥(1:20～30)均匀涂抹病秆部位，防治效果非常好。

(2)番茄早疫病

①病害特征。该病主要危害番茄的叶片和果实。叶片先被害，初呈暗褐色小斑点，扩大呈圆形或椭圆形，直径达1～3厘米的病斑，边缘深褐色，中心灰褐色，有同心轮纹，后期病斑有时有破裂。潮湿时在病处长出黑色霉状物；茎部受害，多在分枝处发

图4-12　番茄早疫病危害症状

生，呈灰褐色，椭圆形，稍凹陷，有轮纹但不明显。严重时造成断枝。果实受害多在果蒂附近有裂缝处，呈褐色或黑褐色，稍凹陷，有同心轮纹，上面长出黑色霉状物(图4-12)。

②发生规律。病菌主要以菌丝体和分生孢子随病残组织遗留在土壤中越冬。通过风雨或气流传播，早疫病的流行要求高温(20～25℃)、空气湿度大(80%以上)条件，适于病菌孢子囊的萌发、侵染。在栽培栽培中地势低洼、土壤黏重、排水不良、温室通风不良的地块易发生此病。

③防治方法。

农业防治：选用抗病品种(日本8号、荷兰5号、粤农2号等)；实行轮作，与非茄科蔬菜轮作3年以上；选用无病种子；加强栽培管理，及时中耕除草及整枝绑架，薄膜覆盖保护栽培应特别注意通风降湿；增施优质有机肥及磷钾肥，增强植株抗性。

药剂防治：发病初用80%代森锰锌可湿性粉剂500倍液，或

64%噁霜·锰锌可湿性粉剂 400～500 倍液或 40%恶霉灵加 40%
灭菌丹(1∶1)1 000 倍液交替使用,5～7 天 1 次,连喷 3～4 次。

(3)番茄病毒病

番茄病毒病常见的症状有花叶病、条斑病和蕨叶病三种。

①病害特征。花叶病有两种情况:a.叶片上引起轻微花叶或
微显斑驳,植株不矮化,叶片不变形,对产量影响不大;b.叶片上有
明显的花叶,叶片伸长狭窄,扭曲畸形,植株矮小,大量落花落果。
条斑病(图 4-13):首先叶脉坏死或散布黑褐色油渍状坏死斑,然后
顺叶柄蔓延至茎秆,暗绿色下陷的短条纹变为深褐色下陷的坏死
条纹,逐渐蔓延扩大,以致病株枯黄死亡。蕨叶病(图 4-14):叶片
呈黄绿色,并直立上卷,叶背的叶脉出现淡紫色,植株簇生、矮化、
细小。

图 4-13　番茄条斑病

图 4-14　番茄蕨叶病

②发生规律。春温室内主要以烟草花叶病毒 TMV 为主,秋温
室内主要以烟草花叶病毒 MV 为主,由种子和土壤带菌传播,主要
由接触传染。高温干旱,缺水缺肥则发病重。

③防治方法。

农业防治:a.选用抗病品种(佳红、佳粉、强丰、希望 1 号等);
b.实行轮作,有条件的轮作 2～3 年;c.选用无病种子和进行种子
消毒;d.加强栽培管理:培育无病壮苗;增施优质有机肥及磷钾肥,
增强植株抗性;高温干旱季节应加强肥水管理;e.用银灰膜避蚜或

化学治蚜。

生物防治：a. 弱毒疫苗 n14 主要用于防治烟草花叶病毒（TMV）侵染引起的病毒病，具有一定的免疫性保护作用。用法：在番茄 1～2 片真叶分苗时，洗净根部泥土，将根浸入 n14 的 100 倍液中 30 分钟，也可用手蘸取 n14 的 100 倍液在子叶上轻轻抹擦一下，进行抹擦接种；还可用 7～9 根 9 号缝衣针绑在筷子头上蘸取 n14 的 100 倍液轻刺叶片接种；也可将 n14 用毒水稀释 50 倍，按 4 千克/平方米压力，在番茄 2～3 片真叶时喷雾接种。b. 卫星病毒 s52 用于防治黄瓜花叶病毒（cmv）侵染引起的病毒病，其使用方法同弱毒疫苗 n14。如果将 s52 与 n14 等量混合使用，防治效果更佳。

药剂防治：发病初期喷药控制。在发病初期（5～6 叶期）开始喷药保护，药剂为 3.85％病毒必克可湿性粉剂 500 倍液进行叶面喷雾，药后隔 7 天喷 1 次，连续喷 3 次，对番茄病毒病的防治效果可达75％～80％；也可用 1.5％植病灵 800 倍液或 20％病毒 A500 倍液喷雾，使用方法同前，对病毒病的防效可达 70％左右，还可用 5％菌毒清水剂 400 倍液或高锰酸钾 1 000 倍液；此外喷施增产灵 50～100 毫克/千克及 1％过磷酸钙做根外追肥，均可提高耐病性。

（4）番茄灰霉病

①症状。番茄灰霉病主要危害花和果实，叶片和茎亦可受害。幼苗受害后，叶片和叶柄上产生水渍状腐烂后干枯，表面生灰霉。严重时，扩展到幼茎上，产生灰黑色病斑腐烂、长霉、折断，造成大量死苗。成株受害，叶片上患部呈现水渍状大型灰褐色病斑，潮湿时病部长灰霉。干燥时病斑灰白色，稍见轮纹。花和果实受害时，病部呈现灰白色水渍状，发软，最后腐烂，表面长满灰白色浓密霉层，此即为本病病征（病菌分孢梗及分生孢子）。

②发生规律。病菌主要以菌核（寒冷地区）或菌丝体及分生孢子梗（温暖地区）随病残体遗落在土中越夏或越冬。分生孢子依靠气流传播，从寄主伤口或衰老器官侵入致病。发育适温为 23℃（最低 2℃，最高 31℃），相对湿度在 90％以上时有利于发病。

③防治方法。

农业防治:a.注意选育抗耐病高产良种如双抗2号、中杂7号。b.棚室栽培定植前,宜进行环境消毒(速克灵或扑海因烟雾剂7.5千克/公顷,密闭熏蒸一夜);定植后应加强通风透光降湿,发病初期应用烟雾剂(同上)控病。c.清洁田园,摘除病老叶,妥善处理,切勿随意丢弃。d.防止番茄蘸花传病。在蘸花时,在番茄灵或2,4-D中加入0.1%的50%速克灵,使花器蘸药,以后在坐果时用浓度为0.1%的50%欧开乐或金三甲因溶液喷果2次,隔7天1次,可预防病害发生。

药剂防治:发病初期抓紧连续喷药控病50%欧开乐1 500~2 000倍液,或50%金三甲1 500倍液,或22.5%乙烯菌核利可湿性粉剂1 000倍液加72%农用链霉素可溶性粉剂4 000倍液,或65%硫菌霉威1 000~1 500倍液,轮换交替或混合喷施2~3次,隔7~10天1次,前密后疏,以防止或延缓灰霉病菌产生抗药性。

(5)青椒猝倒病　猝倒病又叫绵腐病,除使幼苗受害外,还能引起果实腐烂。

①症状。发芽前易形成烂籽,发芽后幼苗茎基部病部呈水渍状,随即变黄缢缩凹陷。子叶还未枯萎,茎部已断。潮湿时病部可密生白色棉絮状霉。

②发病规律。以卵孢子在土壤中越冬,病孢子能在土壤中长期存活。侵染幼苗以营养菌丝贯穿寄生细胞内,使组织迅速腐烂。病株上的孢子囊可进行萌发或产生游离孢子,随流水传播引起再侵染。

③防治方法。

种子处理:用55℃温水浸种10~15分钟,注意要不停搅拌,当水温降到30℃时停止搅拌,再浸种4小时;用50%多菌灵500倍液浸种2小时,也可用种子量0.4%的50%多菌灵可湿性粉剂或50%福美双可湿性粉剂拌种,或25%甲霜灵可湿性粉剂用种子量的0.3%拌种,可杀死病菌孢子,预防真菌性病害。

配制药土:播种时在苗床上撒药土,每平方米用多菌灵8克,拌营养土 15 千克,下铺上盖,覆土后盖地膜,以保湿、保温、促种萌发。也可采用肥沃园土 7～8 份,腐熟厩肥 2～3 份,再加适量复合肥,每平方米拌 50% 多菌灵可湿性粉剂 8～10 克、10% 辛硫磷粒剂 20 克,充分拌匀后撒施床面。

喷药防治:发病后用 1∶5.5∶400 的铜铵制剂喷洒植株根部、床面。

(6)青椒立枯病

①症状。在幼苗茎基部产生椭圆形的暗褐色病斑,白天萎蔫,夜间恢复正常,病斑逐渐扩大绕茎一周,病部开始凹陷、干缩。植株死亡。苗子稍大后,茎已木质化,发病后不倒伏。病斑产生褐色霉层。

②发病规律。以菌丝体或菌核在土壤中或寄主病残体上越冬,在土壤中能长期存活。侵染通过伤口或表皮直接侵入幼茎、根部。可通过流水、滴水、农具、带菌堆肥等传播引起再侵染。

③防治方法(同猝倒病)。

(7)青椒病毒病　青椒病毒病对产量影响大,是青椒设施栽培的主要病害之一。

①症状。主要有四种类型:

坏死型:现蕾初期发病,嫩叶脱落,有时叶花果全部坏死,一晃植株,全部脱落。

花叶型:轻型花叶嫩叶叶片上出现轻微黄绿相间斑驳,植株不矮化,叶片不变形,对产量影响不大;重型花叶还表现叶片凸凹不平,凸起部分呈泡状,叶片畸形,植株矮小,大量落花落果。

丛枝型:植株矮小,节间变短,叶片狭小,小枝丛生,不落叶,但不结果。

黄化型:叶片自下而上逐渐变黄,落叶,落果。

②发病规律。引起花叶、黄化的主要是黄瓜花叶病毒,由蚜虫传播;引起条斑坏死的是烟草花叶病毒,通过病株残体、种子带毒传播。

③防治方法。从苗期起重视早期防蚜虫,用 20% 杀灭菊酯乳油 8 000 倍液喷雾,隔 7 天喷 1 次,共喷 2 次。治疗病毒病可用

1.5%植病灵1 000倍液、20%病毒A可湿性粉剂500倍液、5%菌毒清水剂200～300倍液或高锰酸钾1 000倍液与爱多收5 000倍液混合喷雾防治。

(8)青椒疫病

①症状。茎、叶及果实均可发病。幼苗染病茎基部呈暗绿色水渍状软腐,致使上部倒伏。叶片染病,出现暗绿色病斑,叶片软腐易脱落;成株期茎和果实染病,呈暗绿色病斑,引起倒伏和软腐。潮湿时病斑上出现白色的霉状物。

②发病规律。卵孢子在土壤中越冬。气温适宜有水滴,病菌随水滴溅到寄主上引起侵染。

③防治方法。

农业防治:a.避免与瓜、茄果类蔬菜连作,与十字花科、豆科蔬菜连作。b.选用无病土进行育苗,发现病苗立即拔除。c.加强温湿度调控,避免高温高湿条件出现。

药剂防治:定植后可喷80%代森锰锌可湿性粉剂600倍液加以保护,15天1次。发病初期可喷洒40%三乙磷酸铝可湿性粉剂250倍液或58%甲霜灵锰锌可湿性粉剂500倍液、72%杜邦克露可湿性粉剂800倍液、60%安克锰锌可湿性粉剂1 500倍液、58%甲霜灵可湿性粉剂800倍液等,间隔7～10天喷1次,连续2～3次。棚室还可用45%百菌清烟剂,每公顷每次用药3～4千克。

(9)青椒炭疽病

主要危害青椒的果实。

①症状:

黑色炭疽病　受害果实上出现圆形或不规则的凹陷、水渍状病斑,有同心轮纹。后期病斑上密生小黑点,病斑周围有褪色晕圈。

黑点炭疽病　病症大体与黑色炭疽病相同,只是病斑上着生的黑点大且呈丛毛状,空气湿度大时有黏液从黑点内溢出见下页(图4-15)。

红色炭疽病　受害果实上病斑为圆形或椭圆形,水渍状、黄褐色,凹陷,病斑上密生小黑点,排成轮纹状,潮湿时有红色黏液溢出见下页(图4-16)。

图 4-15 黑点炭疽病

图 4-16 红色炭疽病

②发病规律:病菌在土壤中或寄主病残体及种子上越冬,通过流水、滴水、昆虫、种子等传播,多从伤口侵入。在温度27℃,空气湿度90%时发病严重。

③防治方法:

农业防治:a.种子消毒先用凉水预浸1~2小时,用55℃温水浸种10~15分钟后,用凉水冷却后催芽。b.采用营养钵育苗,少伤根系。c.与十字花科、豆科蔬菜轮作3年。d.加强管理,注意放风排湿降温,在空气湿度为70%时,植株基本不发病。

药剂防治:发病初期可喷洒70%甲基硫菌灵可湿性粉剂600~800倍液,或80%代森锰锌可湿性粉剂500倍液,或50%福美双可湿性粉剂400倍液或1:1:200倍的波尔多液,每5~7天喷1次,连喷2~3天。

(10)茄子白粉病

①病症。主要危害叶片,在叶面上形成不规则形白粉状霉斑,扩展后遍及整个叶面,致叶组织变黄枯。

②防治技术。合理用肥,避免密植,改善田间通风条件。

药剂防治:发病初期喷洒15%三唑酮可湿性粉剂1 000~1 500倍液,或40%多·硫悬浮剂。

(11)茄子褐纹病 主要危害茄子叶、茎及果实。

①病症。叶片初生白色小点,扩大后呈近圆形至多角形斑,有轮纹,上生大量黑点;果实染病,表面生圆形或椭圆形凹陷斑,淡褐

色至深褐色,上生许多黑色小粒点,排列成轮纹状,病斑不断扩大,可达整个果实。后期呈干腐状僵果(图4-17)。

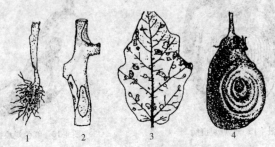

图4-17 茄子褐纹病
1.病根 2.病干 3.病叶 4.病果

②防治技术。

农业防治:a.实行2~3年以上轮作,同时选用抗病品种。b.加强栽培管理,培育壮苗。施足基肥,促进早长早发,把茄子的采收盛期提前在病害流行季节之前,均可有效地防治此病。

药剂防治:结果后开始喷洒75%百菌清可湿性粉剂600倍液、50%苯菌灵可湿性粉剂800倍液,或1:1:200倍波尔多液,视天气和病情隔10天左右喷1次,连续防治2~3次。

(12)茄子菌核病

①病症。此病主要危害茄子茎部,病茎表面产生褐色病斑,上有轮纹,有白色棉絮状菌丝体,纵剖茎部,内有黑色不定形状的菌核。湿度大时长出白色棉絮状菌丝或软腐,但不产生臭味,干燥后呈灰白色,病苗呈立枯状死亡。花、叶、果柄染病呈水渍状软腐,致使叶片脱落。

②防治技术。

农业防治:轮作倒茬。有条件的地区实行1~2年的轮作。

药剂防治:发病初期,可选用40%菌核净可湿性粉剂800~1 500倍液,或50%海因可湿性粉剂800倍液,隔5~7天喷1次,连续防治3~4次。

(13)茄子灰霉病

①病症:幼苗染病,子叶先端枯死;成株染病,叶缘处先形成水

浸状大斑,后变褐,形成椭圆形或近圆形浅黄色轮纹斑;果实染病,幼果果蒂周围局部先产生水浸状褐色病斑,扩大后呈暗褐色,凹陷腐烂,产生不规则轮状灰色霉状物,失去食用价值。

②防治技术:可施用10%速克灵烟剂,每亩每次250克,或5%百菌清粉尘剂,每亩每次1千克;发病初期喷洒50%速克灵可湿性粉剂1 500～2 000倍液或36%甲基硫菌灵悬浮剂500倍液。

(14)茄子青枯病 是一种细菌性病害,由细菌分类中的假单胞杆菌属细菌侵染所致。

①病症。病菌主要随病株残体在土壤中越冬,在土壤中可营寄生生活,也可营腐生生活,因而能在土壤中存活多年。种子带菌,土壤中的病残体或施用带病原菌的肥料,是主要的侵染来源。病原菌随雨水和灌溉水或随农事操作传播,从根部、茎基部伤口侵入,或直接从幼根侵入,在植株维管束里繁殖危害,使之变褐腐烂,造成茎叶由于得不到水分供应而引起植株青枯。

②发病规律。茄子青枯病多在开花现蕾后发病,苗期很少发病。当棚室内温度稳定在30～36℃时,出现发病高峰。连作发病重,新茬地基本未见发病,茄科蔬菜连作的发病重,其中死秧率在50%以上的均是连作3年以上的地块。定植时伤根、施用未腐熟的有机肥、地下害虫发生严重增加病菌的侵染机会,发病重;灌水不当,大水漫灌,加快了病害的传播速度;棚室内湿度失控,高温高湿为青枯病的发生发展创造了有利的外部条件;偏施氮肥的发病重,土壤有机质含量高,氮、磷、钾等平衡施肥的,发病相对较轻。

③防治技术。

农业防治:选用不带病菌的种子或耐病品种,如鲁茄1号、济丰3号、安阳大红茄、青选长茄和丰研1号等,有条件的可以采用嫁接栽培,以减少病害的发生。嫁接可采用根系发达,抗逆性强的野生茄作砧木,如:托鲁巴姆、野茄2号、13本赤茄等品种。合理轮作避免与番茄、辣椒等茄科蔬菜连作,与非茄科作物如葱、蒜等蔬菜轮作达到3年以上。棚室定植土壤要在农闲时深翻晾晒。以往发病的棚室,可用碳酸氢铵进行土壤消毒。具体方法是:先将菜畦浇湿,每亩用碳酸氢铵 50 千克均匀撒在土表,并覆盖塑料薄膜,5～7 天后揭开薄膜即可。也可结合整地每亩施生石灰 50～100 千克进行土壤改良和消毒。

药剂防治:发病初期用 77％可杀得可湿性粉剂 500 倍液,或 72％农用链霉素可溶性粉剂 4000 倍液,或 14％络氨铜水剂 300 倍液,或 50％琥胶肥酸铜(DT)可湿性粉剂 500 倍液灌根,每株灌药液 250～500 毫升,隔 7 天灌 1 次,连灌 3～4 次。

生物防治:使用防治植物青枯病、枯萎病等土传病害的新型微生物农药 0.10 亿 efu/克多粘类芽孢杆菌细粒剂(康地蕾得)进行生物防治。此法具有高效、无毒、无公害、无污染等特点,对茄子青枯病具有显著的防治效果。定植时用康地蕾得 500～600 倍液灌根,发病初期用康地蕾得 600～700 倍液灌根。

(15)茄子黄萎病是茄子的重要病害之一 近年来,茄子黄萎病的发病率一般可达 50％～70％,减产 20％～30％。该病发生蔓延迅速,严重威胁茄子的栽培。

①症状。茄子黄萎病在苗期很少发病,田间发病一般在门茄坐果后开始表现症状,且多由下部叶片先出现,而后向上发展或从一侧向全株发展。发病初期先从叶片边缘及叶脉间变黄,逐渐发展至半边叶片或整个叶片变黄,病叶在干旱或晴天高温时呈萎蔫状,早晚尚可恢复,后期病叶由黄变褐,有时叶缘向上卷曲.萎蔫下垂或脱落,严重时叶片脱光仅剩茎秆(图 4-18)。

图 4-18 茄子黄萎病

黄萎病的症状有三种类型。枯死型:该菌为Ⅰ型,致病力强。发病早,病株明显矮化,叶片皱缩、凋萎、枯死或脱落成光秆,常致整株死亡,病情发展快。

黄斑型:该菌为Ⅱ型,致病力中等。发病稍慢,病株稍矮化,叶片由下向上形成掌状黄斑,仅下部叶片枯死。植株一般不死亡。

黄色斑驳型：该菌为Ⅲ型，致病力弱。发病缓慢，病株矮化不明显，仅少数叶片有黄色斑驳，或叶尖、叶缘有枯斑，叶片一般不枯死。

②发病规律。病菌以休眠菌丝、厚垣孢子和微菌核随病残体、带菌土壤及其他感病植物在土壤或农家肥中越冬，在土壤中一般可存活6～7年，微菌核甚至可存活14年。病菌也能以菌丝体和分生孢子在种子内外越冬。第二年从根部伤口或幼根的表皮及根毛侵入，后在微管束内繁殖，并扩展到枝叶。该病在当年不再进行重复侵染。一般气温在18～24℃时发病重，地温长期低于15℃发病也重，气温在28℃以上，则病害受到抑制。茄子伤根多，则感染病菌的机会也多，发病就重。

③防治技术。

农业防治：a.选用耐病品种：实行种子检疫制度，并在无病区设立留种田或从无病株上留种。栽培时尽量选用较耐病的品种，如：辽沈1号、3号、4号，齐茄1号、2号、3号，丰研1号，长茄1号，紫茄，龙杂2号，沈茄2号，济南早小长茄等。b.种子消毒，杀死种子表面病菌。

药剂防治：黄萎病可用30％琥胶肥酸酮乳剂350倍液灌根，或用抗枯宁100～300倍液灌根。

（16）茄子根结线虫病

①症状。主要发生于茄子根部，尤以支根受害多。地上部表现萎缩或黄化，天气干燥时易萎蔫或枯萎（图4-19）。

②防治技术。实行2年以上轮作。在定植时，穴施10％福气多颗粒剂，每亩1.5千克，撒入后与深25厘米、宽20厘米见方土壤混合均匀后再定植。

图4-19　茄子根结线虫病

2. 茄果类蔬菜常见虫害防治技术

（1）棉铃虫：棉铃虫俗称番茄蛀虫，属鳞翅目夜蛾科，食性极杂，主要危害番茄、辣椒、茄子等蔬菜，以幼虫蛀食为主，常造成落花、落果、虫果腐烂或茎中空、折断等。

①发生规律。一般一年发生4代。蛹在寄主根附近土壤中越

冬,4月下旬越冬蛹开始羽化,5月上中旬为羽化盛期。第一代发生危害较轻。第二代是主要危害世代,卵盛期在6月中旬,6月下旬至7月上中旬是幼虫危害盛期,一般年份番茄蛀果率为5%～10%,严重地块达20%～30%,其中第一穗果占80%～90%。第三代卵高峰出现在7月下旬,发生较轻。第四代卵高峰出现在8月下旬至9月上旬,9月至10月上旬主要危害温室番茄。第四代老熟幼虫10月底前开始化蛹越冬。成虫昼伏夜出,产卵一般选择长势旺盛,现蕾开花早的菜田植株,卵期一般与番茄开花期吻合。卵多散产在植株上部的嫩叶及果柄花器附近,卵发育时期在20℃时约4天,30℃时约2天。幼虫共6龄,初孵幼虫先取食卵壳,后食附近嫩茎、嫩叶。1～2龄时吐丝下垂转株危害,3龄开始蛀果,4～5龄幼虫有转果危害和自相残杀习性。棉铃虫一生可危害3～5个果实。幼虫历期在25～30℃时为17～22天。老熟幼虫在3～9厘米土层筑土化蛹。属喜温湿性害虫,高温多雨有利其发生,干旱少雨不利其发生。

②防治技术。

农业防治:用深耕冬灌办法杀灭虫蛹;结合整枝打杈摘除部分虫卵;结合采收,摘除虫果集中处理,可减少田间卵量和幼虫量;在番茄田种植玉米诱集带引诱成虫产卵,一般每亩100～200株即可,此法可使棉铃虫蛀果率减少30%。

诱杀成虫:6月初开始,剪取0.6米长带叶的杨树枝条,10根扎成1把,绑在小木棍上,插于田间略高于蔬菜顶部,每亩8～10把,每10天换1次,每天清晨露水未干时,用塑料袋套住枝把,捕捉成虫,并以此预测成虫发生高峰期,以指导药剂防治。或每亩设黑光灯1个,也可诱杀成虫。

药剂防治:在主要危害世代卵高峰后3～4天及6～8天,喷两次苏云金芽孢杆菌乳剂250～300倍液,对3龄前幼虫有较好防治效果。危害世代的卵孵化盛期至幼虫2龄盛期之间为药剂的防治适期。一般在露地番茄头穗果长到鸡蛋大时防治;或者根据诱蛾结果于成虫盛期2～3天进行田间查卵,当半数卵已变灰黑即将孵化时喷药,可取得好的效果;或在卵株率突然上升时喷药,隔7天左右再喷 1 次。药剂可选用 50％辛硫磷乳油,或 40％菊马乳油 2 000～3 000 倍液,或 5％敌杀死,功 2.5％天王星乳油 2 500～3 000倍液喷雾防治。

(2)烟夜蛾又名烟青虫,是鳞翅目夜蛾科的害虫

①危害症状。以幼虫钻蛀花蕾和危害叶片,造成落花、落蕾和不开花。

②形态特征。

成虫:体长 15～18 毫米,翅展 27～35 毫米;前翅有明显的环状纹和肾状纹,近外缘有一褐色宽带;后翅黄褐色,外缘也有一褐色宽带。

卵:扁球形,高小于宽,乳黄色,长 0.4～0.5 毫米。

幼虫:老熟幼虫体长 30～35 毫米。头部黄色,具有不规则的网状斑。体色多变,由黄色到淡红色,虫体从头到尾都有褐色、白色、深绿色等宽窄不一的条纹。

蛹:黄绿色至黄褐色;腹部末端各刺基部相连。

③发生规律。烟夜蛾一年发生代数各地不一,以蛹在土壤中越冬;翌春 5 月上旬成虫羽化,成虫有趋旋光性;卵散产在叶片上;幼虫于 5～6 月开始危害,昼伏夜出,有假死和转移危害的习性,可一直危害到 10 月下旬。

④防治方法。

物理防治:悬挂黑光灯,诱捕成虫。

药剂防治:幼虫活动期,可喷施 40％毒死蜱乳油 1 500 倍液,或 5％吡虫啉乳油 1 000 倍液,或 1％阿维菌素乳油 1 000～2 000倍液,每隔 10～15 天喷 1 次,连续喷施 2～3 次。

(3)茄子叶螨(红蜘蛛)

①危害。茄子叶螨以成螨、幼螨、若螨危害植株。主要聚集于叶背面危害,也可危害叶柄、花萼、嫩茎、果柄。叶片受害,叶背面出现黄白色斑点,受害严重时斑点增多,密集,叶片提前老化脱落,造成植株早衰,茄田提前拔棵。茄果生长过程中易老化,形成小老果,严重影响茄果质量。

②生活规律。茄子叶螨以受精雌成螨在茄子残秆、枯叶和杂

草根际、土缝、树皮缝隙等处越冬。春季出蛰后,随着气温的变化在杂草和茄子间转移,2月中、下旬至3月份平均气温在5～7℃时,越冬雌螨开始活动,在已发芽的野生寄主植物叶片上取食、产卵、发育,表现为单株种群数量高。5月下旬至6月上旬春栽茄子田始见茄子叶螨,6月下旬至7月上旬扩散危害较快,7月中旬至8月上、中旬进入危害盛期。9月中旬后,茄子植株叶片老化,并随着气温下降,部分茄子叶螨逐渐向车前草、大蓟、苦苣菜等杂草上转移,10月下旬至11月上旬雌成螨进入越冬期。

③发生条件。茄子叶螨喜高温、低湿的发育环境。当气温22～27℃,相对湿度在70%以下时,生长繁殖较快;干旱、少雨年份常发生重。茄田靠近沟渠、道路、坟地、闲荒地及棉花田、玉米田等处的茄田叶螨发生较重。

④防治技术。铲除田间和路边杂草。防止害螨在其间互相转移。

加强田间管理,合理灌溉和施肥。天气干旱时,要及时浇水,增施磷、钾肥,促进作物生长,减轻危害;摘除受叶螨危害严重的叶片,集中烧毁或深埋。

化学防治可选用15%辛·阿维菌素(乳油)EC或73%克螨特(乳油)EC1 000～1 200倍液。

(三)豆类蔬菜病虫害无公害防治技术

1. 豆类蔬菜病害无公害防治技术

(1)菜豆病毒病

①危害症状。常见其嫩叶初现明脉、沿脉褪绿,继而呈现花叶,病叶凹凸不平,深绿色部分往往突起呈疱斑,叶片细长变小,常向下弯曲,有的呈缩叶状。叶脉和茎上可产生褐色枯斑和坏死条斑。严重时植株矮缩,下部叶片干枯,生长点坏死,开花少并易脱落,很少结实,有时豆荚上产生黄色斑点或出现斑驳,根系变黑,重病株往往提早枯死(图4-20)。

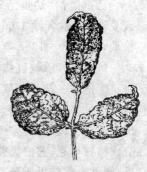

图4-20 菜豆病毒病

②发病条件。气温在 20～25℃ 范围内症状表现明显。气温在 18℃ 左右时只表现轻微症状,高温达 26℃ 以上呈重型花叶、卷叶或植株矮化。高温少雨年份利于蚜虫增殖和有翅蚜迁飞,常造成病毒病流行。

③防治方法。

农业防治:选用抗病品种,严格选留无病种子,加强栽培管理。

药剂防治:参考西葫芦病毒病的防治。

(2)菜豆根腐病

①危害症状。主根和地表以下的茎开始出现红褐色斑块,边缘不明显,逐渐变成暗褐色至黑褐色,凹陷或开裂。至开花结荚期,地上部才有明显症状,叶片由下向上逐渐变黄枯萎,一般叶片不脱落。病株主根受害腐烂,不生侧根,植株矮小,严重时茎、叶枯萎死亡。在潮湿条件下,病株茎基部长有粉红色霉状物(图 4-21)。

②发病条件。高温高湿是发病的条件,另外,土壤黏重、低洼积水、基肥不腐熟或不足,多年重茬等,也是诱发本病的重要条件。

③防治方法。田间零星发病时可选用下列药剂喷洒:70％甲基硫菌灵可湿性粉剂 600 倍液,50％多菌灵可湿性粉剂 500 倍液,77％可杀得可湿性微粒剂 500 倍液,14％络氨铜水剂 300 倍液和 50％多菌灵可湿性粉剂 1 000 倍液,混配 70％代森锰锌可湿性粉剂 1 000 倍液等,间隔 7 天喷 1 次,连喷 2～3 次。

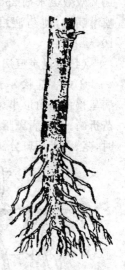

图 4-21　菜豆根腐病

(3)枯萎病

①危害症状。叶片沿叶脉两侧出现不规则形褪绿斑块,然后变成黄色至黄褐色,叶脉呈褐色,触动叶片容易脱落,最后整个叶片焦枯脱落。病株根系不发达,容易拔起。轻病株常在晴天或中

午萎蔫，严重时植株成片死亡。

②发病条件。发病最适温度24～28℃，相对湿度80％以上，一般雨后晴天病情迅速发展。

③防治方法。

播种沟施药，每亩用40％多菌灵悬浮剂2.5千克或25％多菌灵可湿性粉剂3千克，对适量水浇沟内，水渗下后播种覆土。田间出现零星病株灌浇药液时，可用50％多菌灵可湿性粉剂或50％甲基硫菌灵可湿性粉剂400倍液，20％甲基立枯磷乳油1 200倍液，10％双效灵水剂250倍液，50％琥胶肥酸铜可湿性粉剂400倍液，喷淋病株，使药液沿茎下流入土壤，湿润茎基部土壤，喷淋间隔10天。

（4）菜豆炭疽病

①危害症状。子叶受害，病斑为红褐色近圆形凹陷斑；叶上发病呈褐色多角形小斑；茎上病斑为条状锈色斑，凹陷或龟裂常使幼苗折断；荚上病斑暗褐色，近圆形稍凹陷，边缘有深红色晕圈；潮湿时，茎、荚上病斑分泌出肉红色黏稠物（图4-22）。

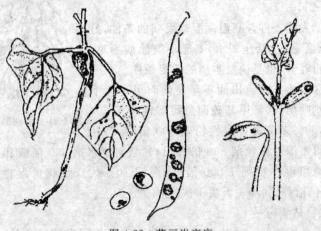

图4-22　菜豆炭疽病

②发病条件。气温在14～17℃的低温和接近100％高湿环境是发病的适宜条件。播种时多雨，扣膜前露水加上低夜温、扣膜后

高湿低温,都可能引起该病大发生。

③防治方法。

农业防治:与非豆科作物实行 2 年以上的轮作;选地势高燥、排水良好、偏沙性土壤栽培。从无病豆荚上采种。

药剂防治:用 50%多菌灵可湿性粉剂 500～800 倍液,或 50%代森铵水剂 800～1 000 倍液,7 天 1 次,连喷 3 次。

(5)菜豆细菌性疫病　菜豆细菌性疫病又称火烧病、叶烧病,全国各地均有发生。

①危害症状。以危害叶片和豆荚为主。棚内空气潮湿时,病部常分泌出一种淡黄色菌脓,干燥后病斑表面形成白色或黄色的薄膜状物。带病种子萌芽抽出子叶多呈红褐色溃疡状,接着病部可向着生子叶的节上或第一片真叶的叶柄处,乃至整个茎基扩展,造成折断或黄萎。叶片受害初呈暗绿色油渍状小斑点,后渐扩大成不规则形。受害组织逐渐干枯,枯死组织薄、半透明。病斑周围有黄色晕圈,并常分泌菌脓。严重时,许多病斑连接成片,引起叶片枯死,但不脱落,经风雨吹打后,病叶碎裂。湿度大时,部分病叶迅速变黑,嫩叶扭曲畸形。豆荚染病呈褐色圆形斑,中央略凹陷。严重时豆荚皱缩,致使种子染病,产生黑色或黄色凹陷斑,种脐部溢出黄色菌脓(图 4-23)。

图 4-23　菜豆细菌性疫病

②发病条件。本病由黄单胞杆菌属细菌引起。属典型的高温高湿型病害。病菌主要在种子内越冬,但也可随病残体留在土壤中越冬。种子带菌 2～3 年内仍具活力,但病残体分解后病菌死亡。带菌种子发芽后,病菌即侵害子叶及生长点,并生菌脓。这些菌脓中的细菌经由雨水、昆虫及农具传播,从植株的气孔、水孔及伤口侵入。菜豆细菌性疫病的流行程度同环境条件密切相关。高温高湿环境是发病的关键。

③防治方法。

农业防治:a.与非豆科作物轮作2～3年;深翻棚内土壤20～30厘米;选用无病种子。b.种子消毒,可用45℃温水浸种10分钟,或用种子重量0.3％的敌磺钠原粉拌种,或用农用链霉素500倍液浸种24小时。c.栽培防病。切实加强通风除湿,尽量避免菜豆植株直接受雨水淋溅,避免大水漫灌,以减少病菌繁殖传播。

药剂防治:始见病株时,喷洒0.3％农用链霉素液,30％琥胶肥酸铜杀菌剂300倍液和新植霉素200毫克/千克,以及401抗菌剂800倍液等,每隔10天用药1次,连喷2～3次。

2.豆类蔬菜虫害无公害防治技术

(1)豆螟

①危害特征:幼虫蛀食普通菜豆的嫩茎、花蕾、花瓣、豆荚和豆粒,使植株落花落荚和顶尖枯死。

②防治方法。

物理防治:用黑光灯诱杀成虫。

药剂防治:80％的敌敌畏乳剂800～1 000倍液,或25％菊乐合剂3 000倍液喷洒,每隔7天喷1次,连喷2～3次;或21％增效氰·马乳油2 000倍液或90％晶体敌百虫800～1 000倍液,或50％杀硫磷乳剂1 000倍液,隔5～7天喷1次,连喷2～3次。

(2)红蜘蛛(红叶螨)

①危害特征:成螨、幼螨和若螨均在叶片背面吸食汁液,被害处发生褪绿斑点,其后变成灰白、黄白色,继而变成红色,严重时叶片干枯发红,脱落。

②防治办法。

农业防治:清除田间枯枝落叶和杂草,耕翻土地。

药剂防治:用73％克螨特乳剂1 500倍液,每隔5～7天喷1次,连喷2～3次。

(3)地老虎

①危害特征:幼虫在表土层或地表危害。幼虫3龄前吃叶,4龄后开始咬断菜豆幼苗嫩茎,造成缺苗断垄和植株大量死亡。

②防治办法。

农业防治:清除田间杂草,减少地老虎产卵场所和食料来源。

药剂防治:每亩用 5 千克麦麸,炒香后拌 90％敌百虫 1 千克对水 300 克,撒在植株周围诱杀。用 90％敌百虫 1 000 倍液或杀硫磷乳油 1 000 倍液或敌杀死 1 000 倍液在地老虎 1～4 龄期喷洒,隔5～7天 1 次,连续喷洒 2～3 次。

(四)叶菜类蔬菜病虫害防治技术

1. 叶菜类蔬菜病害无公害防治技术

(1)芹菜斑枯病

①症状。主要危害叶片,其次是叶柄和茎,是温室芹菜最主要的病害。叶片上初始出现淡褐色油浸状小斑点,扩大后病斑边缘褐色,中间黄白色至灰色,边缘明显,病斑上有许多黑色小点,病斑外有黄色晕圈(图 4-24)。叶柄和茎上的病斑为椭圆形,稍凹陷。

②发病规律。冷凉高湿条件易发病。

③防治方法。发病初期用霜疫清或本霉素 600～700 倍液喷施,5～7 天喷 1 次,连喷 2～3 次。发病期喷用75％百菌清可湿性粉剂 500～800 倍液、70％琥胶肥酸铜杀菌剂 600 倍液、

图 4-24 芹菜斑枯病

50％多菌灵可湿性粉剂 500 倍液、80％代森锌可湿性粉剂 600 倍液或 1∶0.5∶200 的波尔多液,7～10 天喷 1 次,连喷 2～3 次。

(2)芹菜斑点病

①症状。主要危害叶片,其次是叶柄和茎。叶片初病时产生黄色水浸状圆斑,扩大后病斑呈不规则状,褐色或灰褐色,边缘黄色或深褐色。叶柄及茎上病斑初为水浸状圆斑或条斑,后变暗褐色,稍凹陷。高温低湿时病斑有白霉,易被水冲掉,遇阳光也消失。

②发病规律。昼夜温差大,夜间叶片结露;生长期间缺肥缺水,大水漫灌,空气湿度过大,生长不良等都容易发病。

③防治方法。同斑枯病。

(3)菠菜霜霉病

①危害症状。主要危害叶片,病斑初呈淡绿色小点,边缘不明显,扩大后呈不规则形,大小不一,直径 3～17 毫米,叶背病斑上产生白色霉层,后变灰色,病斑从植株下部向上扩展,干旱时病叶橘黄,湿度大时多腐烂,严重的整株叶片变黄、枯死。

②防治方法。清除病株,早春在菠菜田内发现系统侵染的萎缩株,要及时拔除携出田外烧毁。加强田间管理,实行 2～5 年轮作;做到合理密植、科学灌水,降低田间湿度。

药剂防治:发病初期开始喷洒 40%乙磷铝可湿性粉剂 200～500 倍液或 50%甲霜灵可湿性粉剂 500 倍液,交替使用,隔 7～10 天 1 次,连续喷洒 2～3 次。

(4)菠菜炭疽病

①危害症状。主要危害叶片及茎。叶片染病,初生淡黄色污点,逐渐扩大成具轮纹的灰褐色,圆形或椭圆形病斑,中央有小黑点。主要发生于茎部,病斑棱形或纺锤形,其上密生黑色轮纹状排列的小粒点。

②防治技术。种子处理。种植早熟品种,从无病株上选种。播种前用 52℃温水浸种 20 分钟,后移入冷水中冷却晾干播种。

轮作与其他蔬菜进行 3 年以上轮作。

加强田间管理,合理密植,避免大水浸灌,适时追肥;清洁田园,及时清除病残体;携出田外或深埋。

药剂防治。开始发病时,棚室菠菜每亩可选用 6.5%甲霜灵粉尘剂 0.1 千克喷粉。露地于发病初期,将 50%多菌灵可湿性粉剂 700 倍液或 50%甲基硫菌灵可湿性粉剂 500 倍液交替使用,隔7～10 天 1 次,连续防治 3～4 次。

(5)生菜霜霉病

①发病症状。幼苗、成株均可发病,以成株受害重,主要危害

叶片。病叶由植株下部向上蔓延,最初叶上生淡黄色近圆形多角形病斑,潮湿时,叶背病斑长出白霉即病菌的孢囊梗及孢子囊,有时蔓延到叶片正面,后期病斑枯死变为黄褐色并连接成片,致全叶干枯。在阴雨连绵的春末或秋季发病重;栽植过密,定植后浇水过多,土壤潮湿或排水不良易发病。

②防治方法。选用抗病品种。一般根、茎、叶带紫红色或深绿色的品种较抗病。选用无病种子,并实行2～3年轮作。

加强栽培管理,合理密植,进行地膜覆盖。没有采取地膜覆盖的,应增加中耕次数,降低田间湿度;搞好田间排水,防止积水。

药剂防治。抓住苗期定植前,在苗床中集中喷药,带药移栽定植,可提高防效。大田应于发病初期开始喷药,药要求喷到叶背面,每5～7天喷1次,连续喷2～3次。注意轮换用药并在采收前15天以上停止使用。

(6)生菜菌核病

菌核病亦是保护地生菜十分重要的病害,老菜区发生普遍,有进一步发展的趋势。该病为冬春季生菜损失最为严重的病害,全生育期均可发生,以包心后发病最重。一般发病率10%～30%,严重棚室发病率可达80%以上,直接引起植株腐烂或坏死,对产量影响极大。南方菜区露地种植亦零星发病,在一定程度上影响栽培。

①发病症状。最初病部为黄褐色水浸状,逐渐扩展至整个茎部发病,使其腐烂或沿叶帮向上发展引起烂帮和烂叶,最后植株萎蔫死亡。保护地内湿度偏高时,病部产生浓密絮状菌丝团,后期转变成黑色鼠粪状菌核。

②发病规律。病菌以菌核和病残体遗留在土壤中越冬。土壤中有效菌核数量对病害发生程度影响很大,新建保护地或轮作棚室土壤中残存菌核少,发病轻,反之发病重。菌核形成和萌发适宜温度分别为20℃和10℃左右,并要求土壤湿润。空气湿度达85%以上,病害发生重,在65%以下则病害发生轻或不发病。

③防治方法。加强田间管理。收获后彻底清除病残体及落叶,并进行50～60厘米深翻,将病菌埋入土壤深层,使其不能萌发

或子囊盘不能出土。还可覆盖阻隔紫外线透过的地膜,使菌核不能萌发,或阻隔子囊孢子飘逸飞散,减少初侵染源。

土壤处理。即春茬结束将病残落叶清理干净,每公顷菌源撒施生石灰 6 000～7 500 千克和碎稻草或小麦秸秆 6 000～7 500 千克,然后翻地、做埂、浇水,最后盖严地膜,关闭棚室闷 7～15 天,使土壤温度长时间达 60℃以上,杀死有害病菌。

药剂防治。定植前在苗床可喷洒 40%新星乳剂 8 000 倍液,或25%粉锈宁可湿性粉剂 4 000 倍液。发病初期,先清除病株、病叶,再选用 65%甲霉灵可湿性粉剂 6 000 倍液,或 50%多霉灵可湿性粉剂600 倍液,或 40%菌核净可湿性粉剂 1 200 倍液,或 40%菌核利可湿性粉剂 500 倍液,或 45%特克多悬乳剂 800 倍液喷雾,重点喷洒茎基和基部叶片。有条件的地区最好选用粉尘剂进行防治。

(7)生菜褐斑病

①发病症状。叶片上的病斑表现两种症状,一种是发病初期呈水渍状,后逐渐扩大为圆形至不规则形,出现褐色至暗灰色病斑,直径 2～10 毫米;另一种是深褐色病斑,边缘不规则,外围具水渍状晕圈。环境湿度大时,病斑上生暗灰色霉状物,严重时病斑相互融合,致叶片变褐干枯。第一种褐斑症状是由莴苣褐斑尾孢霉菌引起,而香蕉褐斑尾孢霉菌则引起第二种褐斑症状。

②发病规律。病菌以菌丝体和分生孢子丛在病残体上越冬,以分生孢子进行初侵染和再侵染,借气流和雨水溅射传播蔓延。在连续阴雨雪天气、植株生长不良或偏施氮肥致长势过旺时,会导致病情的发生加重。

③防治技术。清洁田园。及时把病残体携出园外烧毁。

合理施肥。采用配方施肥技术,增施有机肥及磷、钾肥,避免偏施氮肥,使植株健壮生长,增强抗病力。

药剂防治。发病初期可喷 75%百菌清可湿性粉剂 1 000 倍液加 70%甲基硫菌灵可湿性粉剂 1 000 倍液,或 50%异菌脲可湿性粉剂 1 200～1 500 倍液,每 10 天左右喷洒 1 次,连续防治 2～3 次。采收前 5～7 天停止用药。

(8)生菜软腐病

①发病症状。主要危害结球生菜的肉质茎或根茎部。肉质茎染病,初生水渍状斑,深绿色不规则,后变褐色,迅速软化腐败。根茎部染病,根茎基部变为浅褐色,渐软化腐败,病情严重时可深入根髓部或叶球内。

②发病规律。在温度为27~30℃,多雨条件下易发病,连作田、低洼积水、闷热、湿度大时发病重。

③防治技术。轮作。重病区或重病田应与禾本科作物实行2~3年轮作。

加强田间管理。低洼田块应采用垄作或高畦栽培,严禁大水漫灌,病害流行期要控制浇水;施用日本酵素菌沤制的堆肥,精细管理,进行田间农事活动时应尽量避免产生伤口,发现病株要集中深埋或烧毁。

药剂防治。发病初期可喷洒30%氧氯化铜悬浮剂800倍液,或77%氢氰化铜可湿性微粒粉剂500倍液,或30%碱式硫酸铜悬浮剂400倍液,或23%络氨铜水剂500倍液等,每7天左右喷1次,连续防治2~3次,采收前3天停止用药。

2. 叶菜类蔬菜虫害无公害防治技术

(1)蚜虫

蚜虫是叶菜类蔬菜常见的病虫害,在芹菜、菠菜、生菜、青菜上危害较重。主要有黄管蚜、桃蚜、萝卜蚜等。

①危害症状。属同翅目蚜科,以成蚜、若蚜群集于叶背吸食汁液,形成褪色斑点,导致叶片卷缩、变黄,植株矮小,同时,蚜虫还可传播病毒病。温度为22~26℃,相对湿度为60%~80%时,会大量繁殖。成蚜或若蚜在风障内菠菜上或温室、阳畦内越冬,也可以卵在桃、李等果树枝条上越冬。

②防治方法。

农业防治:清洁田园,生长期及时拔除虫口较多的植株,减少虫口数量。

以虫治虫:蚜虫的天敌很多,如七星瓢虫、十三星瓢虫、大绿食蚜蝇等。在蚜虫发生前期,尽量减少或避免使用广谱性杀虫剂。

诱杀成虫:生长期在田间张挂银灰色塑料条,或铺银灰色地膜均可减少蚜虫的危害;黄板诱蚜,在田间插一些木板,上涂黄油,以粘杀蚜虫。

熏杀成虫:扣棚后可用敌敌畏 250～300 克,掺锯末 500 克分散在小拱棚内数堆,用火点燃,密闭棚室熏一夜。蚜虫发生时可用烟雾剂 4 号,每亩 350 克。

药剂防治:掌握在初发阶段喷洒 40%氰戊菊酯 3 000 倍液,或 50%抗蚜威乳油 2 000～3 000 倍液等,喷药时要注意使喷嘴对准叶背,将药液尽可能喷射到虫体上,采收前 10 天左右停止用药。

(2)生菜地老虎

①危害症状。地老虎是多食性害虫,可危害多种蔬菜,地老虎主要危害蔬菜的幼苗,切断幼苗近地面的茎部,便整株死亡,造成缺苗断垄,严重的甚至毁种。

②防治方法。

暴晒土壤:大棚覆膜前或露地种植前进行土壤翻犁晾晒,土壤暴晒 2～3 天,可杀死大量幼虫和蛹。

诱杀成虫:利用糖蜜诱杀器或黑光灯诱杀成虫。

捕捉幼虫:发现地老虎危害根茎部,田间出现断苗时,可于清晨拨开断苗附近的表土,捕捉幼虫,也可收到较好的效果。

药剂防治:地老虎 3 龄以前危害作物地上部分,应及时喷药,在虫龄较大时也可采用药剂灌根方法,用 50%辛硫磷、50%二嗪农等药物,亩用原药均为 0.2～0.25 千克,每亩用水量为 400～500 千克。

(3)菠菜潜叶蝇　多发生在春、秋茬菠菜上。

①危害症状。幼虫孵出后即钻入叶片的上、下表皮之间取食叶肉,形成弯曲的虫道,严重降低菠菜品质。

②发生规律。幼虫在没有适宜寄主时,可食腐殖质或粪肥而生长发育,以春季发生量大,夏季高温干旱不利于幼虫发生。

③防治方法。

农业防治:收获后及时深翻土地,既利于植株生长,又能破坏一部分入土的蛹,减少田间虫源;施肥要求施充分腐熟的有机肥,特别是厩肥,以免将虫源带进田里。

药剂防治:要在幼虫孵化初期、未钻入叶片内的关键时期用药,否则效果较差,用药种类参考瓜类潜叶蝇的防治。

(4)菠菜小菜蛾

①危害症状。初龄幼虫仅能取食叶肉,留下表皮在菜叶上形成一个透明的斑,3~4 龄幼虫可将菜叶食成孔洞。严重时全叶被吃成网状。

②防治技术。

农业防治:合理轮作,尽量避免小范围内十字花科蔬菜周年连作,以免虫源周而复始。蔬菜收获后,要及时处理残株败叶或立即翻耕,可消灭大量虫源。

物理防治:小叶蛾有趋光性,在成虫发生期,每 5 亩设置 1 盏黑光灯,可诱杀大量小菜蛾,减少虫源。

生物防治:采用细菌杀虫剂,如苏云金芽孢杆菌乳剂(1 亿孢子)对水 500~1 000 倍喷施,可使小菜蛾大量感病死亡。

药剂防治:施药要在 2 龄以前,药剂可选用 2.5%高效氯氟氰菊酯乳油 5 000 倍液,或 2.5%溴氰菊酯乳油 3 000 倍液,40%毒死蜱乳油 1 000 倍液或 0.12%天力Ⅱ号可湿性粉剂 1 000 倍液喷雾,以上药剂交替使用。

(五)葱蒜类蔬菜病虫害防治技术

1. 葱蒜类蔬菜病害无公害防治技术

(1)韭菜灰霉病是韭菜栽培中最主要的病害。

①症状。主要危害叶片。发病初期在叶上部散生白色至浅灰褐色小点,叶正面多于叶背面,由叶尖向下发生,病斑扩大后成梭形或椭圆形。潮湿时,病斑表面产生稀疏的霉层,收割后从刀口处向下腐烂,初呈水渍状,后变绿色,病斑多呈半圆形或“V”字形,并向下延伸 2~3 厘米,呈黄褐色,表面产生灰褐色或灰绿色霉层。距地面较近的叶片,呈水渍状深绿色软腐。

②发病规律。病菌主要以菌核在土壤中的病残体上越夏,秋

末冬初扣膜后,菌丝温湿度适宜,产生分生孢子通过气流、浇水和农事操作等传播蔓延。该病的发生与温、湿度关系密切,病菌适宜生长温度15～30℃,菌丝生长适宜温度15～21℃;湿度是诱发灰霉病的主要因素,温室内相对湿度在85%以上时发病较重,低于60%时则发病轻或不发病。

③综合防治措施。

农业防治:a.清洁温室。扣膜前和收割后及时清除田间枯叶和病残体,并带出室内集中深埋或烧毁,切断初侵染源,防止病菌蔓延。b.通风降湿。适时通风降湿,防止室内湿度过大,是防治该病的关键。室内湿度大时,收割后可在行间撒施草木灰降湿。c.合理施肥和浇水。韭菜是多年生蔬菜,要多施腐熟有机肥,合理浇水,适时追肥,养好茬,以增强植株抗病能力。

药剂防治:a.烟熏法,用45%百菌清烟剂按200～250克/亩,10%腐霉利烟剂按250克/亩,分放4～5处,密闭棚室,暗火熏1夜。b.粉尘法,用10%灭克粉尘剂,6.5%万霉灵粉尘剂,5%百菌清粉尘剂,按每亩1千克喷粉。c.喷雾法,用65%甲霉灵可湿性粉剂(WP)800～1 000倍液、50%乙烯菌核利可湿性粉剂(WP)500倍液、65%抗霉威可湿性粉剂(WP)1 000～1 500倍液、50%腐霉利可湿性粉剂(WP)1 000～1 500倍液、50%施宝功乳油(EC)4 000～5 000倍液喷雾。

(2)韭菜疫病

①症状。根茎、叶和花薹均可发病,以根茎受害最重。叶片和花薹多从下部开始染病,初呈暗绿色水渍状病斑,当病斑蔓延扩展到叶片的1/2左右时,全叶变黄、下垂,湿度大时病斑软腐,并产生灰白色霉状物。根茎受害,呈水渍状褐色软腐,叶鞘脱落,植株停止生长或枯死,湿度大时,长出灰白色霉层,韭菜叶腐烂。

②发病规律。主要以卵孢子在土壤中的病残体上寄宿。病菌生长温度12～36℃,最适温度25～32℃,当土壤湿度达到95%以上且持续4～6小时时,病菌即完成再侵染,发病周期短、速度快,常造成韭菜根茎和叶片腐烂。温室内温度通常超过25℃,如浇水

过量或放风不及时,则造成高温、高湿环境,造成病害流行蔓延。露地养根期间7～8月份气温高,雨水多,发病较重;9月中旬温、湿度降低,发病会逐渐减轻或停止。

③防治技术。

农业防治:a.选用抗病品种。选用直立性强,生长旺盛的791、平韭4号、平研2号等有较好抗性的优良品种。b.实行轮作倒茬,减少病原菌。一般与其他作物轮作2～3年。c.夏、秋韭菜养根期间要结合施肥进行培土培肥,培育健壮的韭根,减轻扣膜后病害。d.加强田间管理。合理施肥和浇水,严防土壤湿度过大,要注意增施有机肥,促进植株生长健壮,提高抗病力。温室要注意通风,防止湿度过大。

药剂防治:发病初期可选用58%甲霜灵锰锌可湿性粉剂500倍液、25%甲霜灵可湿性粉剂500倍液、72%普力克水剂800倍液喷雾防治,每隔6～7天喷1次,连喷2～3次。此外,移栽时也可用上述药液蘸根。

(3)韭菜锈病

①症状。锈病主要危害叶片及花梗。发病初期,在表皮上生有椭圆形至纺锤形的稍隆起褐色小疱疮(夏孢子堆)。以后表皮纵裂,散发出橙黄色粉末。后期在橙黄色病斑上形成褐色的斑点,长椭圆形至纺锤形,稍隆起,不易破裂。如破裂,则散出暗褐色粉末(冬孢子)。发病严重时,病叶呈黄白色枯死。

②发病条件。病菌以冬孢子和夏孢子在病株上越冬。翌年春季,夏孢子通过气流传播,也可通过雨水传播。萌发后,从植株的表皮或气孔侵入。锈病在低温、多雨的情况下不易发病。因此,在春、秋二季发病较多,尤以秋季为重。在冬季温暖多雨地区,有利于病菌越冬,次年发病则严重。夏季低温多雨,有利于病菌越夏,秋季则发病重。此外,在管理粗放、肥料不足、生长势衰弱时,发病严重。

③防治技术。

农业防治:a.加强田间管理,增施有机肥料,特别是增施磷、钾肥料,促进植株健壮生长,提高抗病力。b.清洁田园:发病初期,及时摘除病叶、花梗,集中深埋或烧毁。收割后及时清理田间病株残体,减少田间病源。c.定植时选苗:定植时淘汰病苗,避免病苗入地传播。

药剂防治:发病初期可用50％萎锈灵乳油800倍液,或70％代森锰锌可湿性粉剂1 000倍液,或1毫克/千克的放丝菌酮液,或敌锈钠200倍液,或50％二硝散可湿性粉剂200倍液等药剂中的一种,每10天1次,连喷2～3次。

(4)大葱霜霉病

①危害症状。叶片发病主要在中下部,病部以上渐干枯下垂。假茎发病时决裂曲折。花梗发病时,初期呈现椭圆形病斑,较大,乳黄色,有白霉发生,后期变为淡黄色或暗紫色。

②防治技术。

选择抗病品种:大葱霜霉病要想控制其流行,必须选择抗病品种(如章丘大葱)。

轮作:一般与非葱类蔬菜实行2年以上的轮作。

加强田间栽培管理:定植时选择地势高燥、通风、排水良好的地块。合理追肥,大葱生长的前期要求氮肥较多,后期需磷钾肥较多。定植时应以氮肥为多,每亩施尿素20～30千克,追肥除尿素外,增施过磷酸钙和草木灰。

药剂防治:从发病初开始,每隔7天喷洒75％百菌清可湿性粉剂600倍液或50％敌菌灵可湿性粉剂500倍液一次,连喷3～4次。

(5)大葱紫斑病

①危害症状。主要危害叶和花梗。发病多从叶尖或花梗中部开端向上蔓延,涌现紫褐色小斑点或纺锤形稍凹陷斑,潮湿时长有黑褐色粉霉状物,病斑扩大中有几个相互融合或围绕叶和花梗,病部软化易折断,严重时叶大批枯死。种株花梗发病率高,致种子皱缩,不能充分成熟。鳞茎受害引起半湿性糜烂,压缩变黑。

②防治技术。农业防治:选择抗病品种,培育壮苗,增加抗病性,合理轮作,加强管理,及时清除病残体,烧毁或深埋。

药剂防治：发病初期，连续喷75％百菌清700倍液或50％多菌灵可湿性粉剂500倍液3～4次。

(6)大蒜叶枯病

①危害症状。叶枯病主要危害蒜叶，发病开始于叶尖或叶的其他部位。初呈花白色小圆点，后扩大呈不规则形或椭圆形灰白色或灰褐色病斑，上部长出黑色霉状物，严重时病叶全部枯死，在其上散生许多黑色小粒。危害严重时全株不抽薹。

②发生规律。大蒜叶枯病的发生与田间温湿度呈正相关，一般温度越高，湿度越大，发病越重。当旬平均气温在20℃左右，高湿时利于病害发生和流行。多年重茬种植，大蒜长势弱的地块发生重；氮肥施用过多，底肥不足，发病重；种植密度大，田间通风不良，发病重。

③防治技术。加强田间管理，提高植株的抗病性。清洁田园，收获后清除病残体并集中处理。药剂防治，喷施75％百菌清可湿性粉剂600倍液，或70％代森锰锌可湿性粉剂500倍液。

(7)大蒜灰霉病

①危害症状。主要危害叶片，多发生于植株生长中后期，病斑初为水渍状，后为白色或灰褐色，病斑扩大以后成梭形或椭圆形的灰白色大斑。半叶甚至全叶表面生灰褐色绒毛状霉层，组织干枯，易拔起。病菌以菌丝体在土壤或病残体上越冬。大蒜感染此病后常造成叶柄和地下蒜头腐烂。

②防治技术。加强田间管理，合理密植，雨后及时排除渍水。增施磷钾肥，提高植株抗病能力。药剂防治：发病初期，喷施70％代森锰锌可湿性粉剂500倍液或50％腐霉利可湿性粉剂1 500～2 000倍液。

2. 葱蒜类蔬菜虫害无公害防治技术

(1)韭蛆

①危害。幼虫常钻破韭菜根部的表皮，蛀食内部组织，并由根部向上蛀食韭菜，韭菜生长点遭受危害，植株就萎蔫死亡，或引起腐烂。

②发生规律。韭蛆的生活史分成虫、卵、幼虫、蛹4个阶段。成虫为葱蝇,成虫的发生盛期在4月下旬至5月初,它喜高温低湿气候,所以在干燥的春天活动最盛。一般白天活动,夜间潜伏,如遇阴雨或大风,则停止飞翔。常潜伏于地面或土壤缝隙中,在植株近地面的叶鞘上产卵。

③防治技术。

农业防治:低温干燥法。韭蛆虽然在土壤内可以安全越冬,但无土覆盖,将其裸露于低湿度空气中则会死亡。因此只要将韭根周围的表土掘开,使其暴露于-4℃的低温,60%以下的低湿环境下,经2~3小时即可死亡。在春季开始解冻时,将韭菜根周围的表土,用竹签子剔开,使韭蛆暴露于地皮之外,韭蛆一接触到低温和干燥空气后,就会自然死亡。

药剂防治:韭蛆的防治可用90%敌百虫1 000倍液,666.7平方米用量共计100克,在春秋两季成虫发生盛期顺丛对根喷灌,随即覆土效果好。亦可用40%乐果乳油,666.7平方米用量50~100克,稀释1 000倍后灌根,一般在病虫发生盛期使用,但距采收期应至少间隔10天。

(2)葱蓟马

①危害。主要危害葱、洋葱、大蒜、北菜、瓜炎、茄子、马铃薯、白菜等多种蔬菜。成虫和若虫以锉吸式口器危害心叶、嫩芽。被害叶形成许多细密的长形灰白色斑纹,叶尖枯黄。严重时叶片扭曲枯萎。

②发生规律。在北方1年发生6~10代。主要以成虫和若虫在未收获的葱、洋葱、大蒜的叶鞘内越冬,前蛹和伪蛹则在葱、蒜地的土壤中越冬。冬季在温室内可继续繁殖危害。成虫善飞、活泼,可借风传到很远的地方。成虫忌光,白天躲在叶腋或叶背处危害。初孵幼虫有群集危害习性,稍大后即分散危害。葱蓟马最适宜温度为23~28℃,相对湿度为40%~70%,喜温暖和较干旱的环境条件。干旱年份发生重,多雨季节及勤浇水地块发生较轻。暴风雨后显著减少。冬季及早春可危害温室黄瓜。

③防治技术。

农业防治:加强田园管理。清除杂草革,加强水肥管理,使植株生长旺盛,减轻受害。加强栽培管理。以减轻作物受害。早春清除田间杂草和残株落叶,可减少虫源。

药剂防治:选用40%水胺硫磷乳油1 000倍液,或10%氯氰菊酯乳油,或10%高效灭百克乳油3 000倍液,或40%乙酰甲胺磷乳油,或50%辛硫磷乳油,或50%杀螟丹可溶性粉剂各1 000倍液,20%叶蝉散乳油500倍液等喷洒。

(3)葱斑潜蝇

又称潜叶蝇、叶蛆。幼虫终生在叶内曲折穿行,取食叶肉,叶面上可见到迂回曲折的蛇行隧道,叶肉被取食后,只留两层白色透明的叶表皮,严重时,一叶被多条虫危害,叶肉被大量取食,严重影响光合作用的进行。

①发生规律。1年发生3~5代,以蛹在被害大葱叶内和土壤中越冬。5月上旬为成虫发生盛期,成虫在傍晚把卵散产在大葱叶片组织内,卵呈白色,4~5天后孵化出幼虫,即开始在叶内取食危害,6月份为危害盛期,老熟幼虫在隧道一端化蛹,化蛹后穿破叶表皮开始羽化。因葱潜叶蝇幼虫一直在叶内危害,空气湿度对其生长发育影响不大,但温度影响较大、天气炎热时发育不良、危害较轻。

②防治措施。

清洁田园,消灭虫源:在栽植前和收获后都要及时清除田间残叶、枯叶,带出田外烧毁和深埋,并深翻、冬灌,消灭越冬虫源。

诱杀成虫:可用红糖、醋各100克,加水1 000克煮沸,加入40克敌百虫,调至均匀,然后均匀拌在40千克干草和树叶上,撒入田间诱杀成虫。

药剂防治:抓住成虫产卵盛期或幼虫孵化初期喷药效果最好,杀死成虫和卵。5月上旬开始每周喷洒1次杀虫剂和杀卵剂。也可用烟草石灰水,杀死卵粒,制作方法:用烟叶0.5千克,浸泡在20千克清水中一昼夜,然后过滤掉烟叶和烟渣;然后用10千克水将

0.25千克生石灰化成石灰乳,再过滤,使用前将烟叶水和石灰乳混合均匀,即可使用。成虫发生盛期用40%乐果乳油1 000～1 500倍液,50%敌百虫800倍液,25%灭杀毙乳油6 000倍液轮换使用,交替喷洒。每种药剂在大葱的1个生长季只准喷洒1次,并且在收前10～15天停止用药。

(4)葱地种蝇

①发生规律。1年发生3代,以蛹或幼虫越冬。第1代幼虫危害期在5月中旬,第2代幼虫危害期在6月中旬,第3代幼虫危害期在10月中旬。成虫中午最活跃,集中在葱、蒜地产卵。卵期一般6天,幼虫期一般17～20天,老熟幼虫在土壤中化蛹越冬。

②防治技术。

施肥驱蝇:葱蝇具有腐食性,施入田间的各种粪肥和饼肥等农家肥料必须充分腐熟,以减少害虫聚集。多施入河泥、炕土和老房土等做底肥,河泥、炕土和老房土等具有葱蝇不喜欢的气味,有驱蝇性。

消灭越冬幼虫和蛹:栽培早葱的冬闲地块,秋末进行深翻,晒死部分越冬幼虫和蛹。另外,冬季灌溉也可有效地杀死部分越冬的蛹。

用糖醋液诱杀成虫:用红糖0.5千克,醋0.25千克,酒0.05千克,清水0.5千克,加敌百虫少许,把配制好的糖醋液倒入盆中,保持5厘米深,放入田间即可。

药剂防治:成虫盛发期,在中午喷洒21%的增效氰·马乳油3 000～4 000倍液,或2.5%溴氰菊酯乳油3 000倍液,每种药剂在大葱的1个生长季喷洒1次,收前10～15天停止用药。在葱苗定植时,用75%的辛硫磷乳油500倍液蘸根,防止幼虫危害。

附录:无公害蔬菜栽培可限制性使用的化学农药种类

农药类别	农药名称	急性口服毒性	最后一次施药距采收间隔期(天)	667平方米常用药量(克/次或毫升/次或稀释倍数)	允许的最终残留量(毫克/千克)	放药方法及最多使用次数
有机农药	敌敌畏	中等毒	蔬菜 10(7)	80%乳油 100~200 克 (1 000~500 倍)	0.1(0.2)	喷雾1次
	乐果	中等毒	蔬菜 15(9)	40%乳油 (1 500~1 000 倍)	0.5(1)	喷雾1次
	辛硫磷	低毒	青菜、白菜、黄瓜 10(7)	50%乳油 50~100 毫升 (2 000~500 倍)	0.05(0.05)	喷雾1次
	马拉硫磷	低毒	蔬菜(禁用)			
	敌百虫	低毒	蔬菜 10(7~8)	90%固体100 克 (1 000~500 倍)	0.1(0.2)	喷雾1次
氨基甲酸酯类	抗蚜威	中等毒	叶菜类 10(6)	50%可湿性粉剂 10~30 克	0.05(0.05)	喷雾1次
	氟氰菊酯	中等毒	叶菜类 7(2~5) 番茄 5(1)	10%乳油 20~30 毫升	0.5(1) 0.2(0.5)	喷雾1次
	溴氰菊酯	中等毒	叶菜类 7(2) 番茄 5(1)	2.5%乳油 20~40 毫升	0.2(0.5)	喷雾1次
	氰戊菊酯	中等毒	叶菜类 10,15(5,12) 番茄 10(3)	20%乳油 15~40 毫升 30~40 毫升	0.2(0.5) 0.1(0.2)	喷雾1次
其他杀虫剂	定虫隆(抑太保)	低毒	甘蓝 12(7)	5%乳油 40~80 毫升	0.2(0.5)	喷雾1次
取代苯类杀菌剂	百菌清	低毒	番茄 30(23)	75%可湿性粉剂 100~200 克	1(1)	喷雾1次
	甲霜灵(瑞毒霉)	低毒	黄瓜 15(12)	50%可湿性粉剂 75~120 克	0.2(0.5)	喷雾1次

续表

农药类别	农药名称	急性口服毒性	最后一次施药距采收间隔期（天）	667平方米常用药量（克/次或毫升/次或稀释倍数）	允许的最终残留量（毫克/千克）	放药方法及最多使用次数
杂环类杀菌剂	多菌灵	低毒	黄瓜10(7)	25%可湿性粉剂1 000~500倍	0.2(0.5)	喷雾1次
	腐霉利	低毒	黄瓜5(1)	50%可湿性粉剂40~50克	1(2)	喷雾1次
	三唑酮（粉锈宁）	低毒	辣椒、番茄、黄瓜7~10(5)	20%可湿性粉剂1 000~500倍	0.1(0.2)	喷雾1次

注：允许的最终残留量和最后一次施药距采收间隔期，括号内数字为国家标准或国际标准。

参 考 文 献

[1] 陈杏禹．蔬菜栽培．北京:高等教育出版社．2008

[2] 党改侠等．大棚菜豆高产高效栽培技术．西北园艺,2009(3)

[3] 杜纪格,宋建华,杨学奎．设施园艺栽培新技术．北京:中国农业科学技术出版社．2008

[4] 段道富,吕丹丹．韭菜高产栽培技术．宁波农业科技,2009(1)

[5] 黄广学．设施蔬菜栽培与病虫害防治技术．北京:中国农业科学技术出版社,2007

[6] 姜晓东,李新凤．无公害蔬菜系列栽培管理技术．北京:中国社会出版社,2006

[7] 李宏波．中小棚芹菜栽培技术．瓜果蔬菜．2009

[8] 李海真编．西葫芦、南瓜高产栽培与加工技术．北京:中国农业出版社,2003

[9] 刘保才．蔬菜高产栽培技术大全．北京:中国林业出版社,1998

[10] 卢育华主编．蔬菜栽培学各论(北方本)．北京:中国农业出版社,2000

[11] 满红．生菜育苗技术要点．山东蔬菜．2008(4)

[12] 潘继兰．大棚豇豆高产栽培技术．山东蔬菜．2006(1)

[13] 宋建华等．大葱一年三茬高产高效栽培技术．北方园艺．2005(1)

[14] 山东农业大学主编．蔬菜栽培学各论．北京:中国农业出版社,2000

[15] 孙虹．保护地芹菜栽培技术．翰林学院学报．2004(9)

[16] 王洪周．大棚春茬结球生菜无公害栽培技术．北京农业2009(3)(上旬刊)

[17] 王绍辉,孔云等．保护地蔬菜栽培技术问答．北京:中国农业大学出版社,2008

[18] 王宗政,于琼．日光温室韭菜种植技术．蔬菜栽培2009(3)

[19] 吴国兴．日光温室蔬菜栽培技术大全．北京：中国农业出版社，1998

[20] 吴志行等．蔬菜无公害栽培技术．北京：中原农民出版社，2006

[21] 余自力编．黄瓜、番茄大棚无公害栽培技术．成都：四川科学技术出版社，2006

[22] 张蕊，张富萍等．蔬菜栽培实用新技术．北京：中国环境出版社，2009

[23] 曾维银．保护地蔬菜高效栽培模式．北京：金盾出版社，2008

[24] 张乔．大棚菜豆无公害栽培技术．山东蔬菜．2007(4)

[25] 郑华美无公害韭菜栽培技术．山东省农业管理干部学院学报．2004(1)

[26] 郑亚明．日光温室韭菜优质丰产栽培技术．蔬菜栽培 2009(3)